Nikias Klohr

Implementierung einer Drehzahlregelung für umrichtergespeiste Asynchronmaschinen mit einem Mikrocontroller

GRIN - Verlag für akademische Texte

Der GRIN Verlag mit Sitz in München und Ravensburg hat sich seit der Gründung im Jahr 1998 auf die Veröffentlichung akademischer Texte spezialisiert.

Die Verlagswebseite http://www.grin.com/ ist für Studenten, Hochschullehrer und andere Akademiker die ideale Plattform, ihre Fachaufsätze und Studien-, Seminar-, Diplom- oder Doktorarbeiten einem breiten Publikum zu präsentieren.

Dokument Nr. V84276 aus dem GRIN Verlagsprogramm

Nikias Klohr

Implementierung einer Drehzahlregelung für umrichtergespeiste Asynchronmaschinen mit einem Mikrocontroller

GRIN Verlag

Bibliografische Information Der Deutschen Bibliothek: Die Deutsche Bibliothek verzeichnet diese Publikation in der Deutschen Nationalbibliografie; detaillierte bibliografische Daten sind im Internet über http://dnb.ddb.de/ abrufbar.

1. Auflage 2007

http://www.grin.com/
Druck und Bindung: Books on Demand GmbH, Norderstedt Germany
ISBN 978-3-638-91253-2

Elektrotechnisches Institut der Universität Karlsruhe (TH)

Studienarbeit

Implementierung einer Drehzahlregelung für umrichtergespeiste Asynchronmaschinen mit einem Mikrocontroller

Bearbeiter: cand. mech. Nikias Klohr

Abgabetermin: 9. Februar 2007

Inhalt

8. Nützliche Hinweise für PIC-Entwickler

9. Ausblick

10. Zusammenfassung

1. Einleitung

1.1 Aufgabenstellung

„Für viele Anwendungen in der Antriebstechnik ist eine variable Einstellung der Drehzahl erforderlich. Durch die Anwendung von Stromrichterschaltungen, können diese Antriebsaufgaben auch von Drehstrommaschinen wie z.B. die Asynchronmaschine übernommen werden. Im Rahmen dieser Studienarbeit soll eine Drehzahlregelung für eine Asynchronmaschine implementiert werden. Dabei soll für die Ansteuerung des Stromrichters ein PIC-Mikrocontroller eingesetzt werden, der durch seine spezielle Ausstattung besonders für solche Aufgaben geeignet ist. Das zu erstellende Programm soll außerdem eine Kommunikation zwischen dem Stromrichter und einem PC ermöglichen, über den sich dann der Antrieb steuern und einrichten lässt."

Es soll also auf Basis der Hard- und Software aus der Diplomarbeit von Dipl.-Ing. Frank Becker sowie der Studienarbeit von Dipl.-Ing. Alexander Scherer ein Programm zur Ansteuerung einer Asynchronmaschine mit Drehzahlregelung realisiert werden, welches über einen PC konfigurierbar ist.

1.2 Hardware

Die Hardwarebasis setzt sich aus einer Mikrocontrollerplatine (PIC18F4431) mit Bedienteil, einer Leistungselektronikplatine mit IGBT, und einem Brückengleichrichter-Einspeise-Modul mit Brems-Chopper aus der Studienarbeit von Dipl.-Ing. Alexander Scherer zusammen. Die Hardware war getestet und es bedurfte nur kleiner Veränderungen. Da die Aufgabenstellung keine Hardwareentwicklung beinhaltete, ging es auch darum, die Grenzen der bestehenden Hardware auszuloten. Eine genaue Beschreibung der Hardware findet sich in [Beck] und [Scher].

Als Eingabeschnittstellen waren zwei Taster, ein Schalter und ein Potentiometer vorhanden. Für die Ausgabe von Status und Fehlermeldungen wurde eine grüne und eine rote LED vorgesehen, für die Kommunikation mit dem PC eine RS232 Schnittstelle.

Die Hardware erlaubt eine Messung der Motorströme und der Zwischenkreisspannung. Darüber hinaus ist eine Auswertung der Motordrehzahl über einen Inkrementalgeber vorgesehen. Als Zeitbasis wurde der Takt des Mikrocontroller, 40MHz eines Quarzes, verwendet.

1.3 Software

Als Basis für die Programmierung des Mikrocontrollers stellte Dipl.-Ing. Jörg Weigold ein experimentelles Programm in C zur Verfügung. Das Programm bestand aus einem Rumpf, der bereits die Initialisierung der Komponenten des Mikrocontrollers, die Analog-Digitalwandlung der Messwerte, und die Steuerung der Leistungschalter beinhaltete. Das vorhandene Programm ermöglichte eine einfache Steuerung des Motors, ließ aber viel Potential der Hardware ungenutzt. Bei der Weiterentwicklung konnte insbesondere bei der Initialisierung der Komponenten Vieles aus dem bestehenden Programm übernommen werden, vor allem das grundlegende Konzept der Interrupt-Ebenen.

Die Komplexität der Aufgabenstellung implizierte die Verwendung einer hohen Programmiersprache – die Wahl fiel auf C. Als C-Compiler sollte der SDCC (Small-Device-C-Compiler)[I] verwendet werden. Das Programmieren des Mikrocontrollers wurde mit der Microchip-Software MPLab durchgeführt. Als Entwicklungsumgebung wurde ECLIPSE[II] mit CDT[III] gewählt, diese unterstützt C, war bereits bekannt, und erlaubte eine einfache Einbindung des SDCC per Makefile.

1.4 Vorarbeiten

Da bereits Erfahrung mit der Programmierung von 8Bit-ATmega-Mikrocontrollern von Atmel vorhanden war, gelang der Einstieg mit dem ähnlichen 8Bit-PIC von Microchip problemlos. Allerdings war die Entwicklungsumgebung nicht zufriedenstellend. Ein mit Atmel vergleichbar komfortables und mächtiges Paket konnte nicht gefunden werden. Als Compiler sollte mit dem SDCC ein Compiler verwendet werden, der zwar frei verfügbar ist, allerdings als Opensource-Projekt nicht ausschließlich für den PIC entwickelt wird und nicht ganz ausgereift ist. Dies führte zu einigen Problemen, die mit einem Standardcompiler wie z.B. dem GCC nicht aufgetreten wären. Der SDCC lässt sich unter Beachtung einiger Besonderheiten aber sehr wohl produktiv einsetzten und ist als kostenloser Compiler eine echte Alternative zu den Compilern von Microchip. Für den interessierten C-Entwickler finden sich im Kapitel „Nützliche Hinweise“ einige Tips für den Umgang mit dem SDCC für PIC. Das bereits vorhandene Steuerungsprogramm von Dipl.-Ing. Weigold half, die Grundlegenden Prinzipien beim Umgang mit dem PIC mit 2 Interrupt-Ebenen zu verstehen.

I http://sdcc.sourceforge.net/
II http://www.eclipse.org/
III http://www.eclipse.org/cdt/

2. Konzept

2.1 Analyse

Die erfassten Messwerte ermöglichen im Prinzip die Realisierung einer Feldorientierten Regelung (siehe [DReg]). Allerdings ist der verwendete Mikrocontroller mit 10 Mips[I] und 8k Befehlsspeicher dafür knapp bemessen. Da es in dieser Studienarbeit darum ging, in relativ kurzer Zeit eine geeignete Software für die bestehende Hardware zu entwickeln, fiel die Wahl auf die wesentlich einfachere U/f–Kennlinie. Allerdings sollte die Regelung unter Berücksichtigung der möglichen Messungen möglichst dynamisch und zuverlässig werden. Darüber hinaus sollte mit der Software eine Basis für die Ansteuerung von beliebigen Leistungteilen und Machienensätzen geschaffen werden.

2.2 Zielsetzung

Zunächst soll eine dynamische Drehzahl-Steuerung auf Basis der auf der Platine vorhandenen Messglieder realisiert werden. Diese wird vom Benutzer an die gesteuerte Maschine angepasst und parametrisiert. Anstatt einer starren Rampensteuerung wird eine dynamische Drehzahleinstellung mit Begrenzung von Strom- und Zwischenkreisspannung verwendet. Der Aussteuergrad der Pulsweitenmodulation soll an die Zwischenkreisspannung angepasst werden, damit ein Betrieb der Asynchronmaschine mit Nennspannung auch bei veränderlicher Zwischenkreisspannung gewährleistet ist. Eine reine Steuerung der Asynchronmaschine (ohne Drehzahlrückführung) soll ein wesentliches Ergebnis dieser Arbeit sein. So ist eine dynamische und zuverlässige Ansteuerung einer Asynchronmaschine auch ohne Drehzahlgeber möglich. Aufbauend auf dieser Steuerung soll dann ein Drehzahlregler nach Rückführung der Drehzahl realisiert werden.

Für die Parametrisierung der Steuerung und die Darstellung der aktuellen Messwerte soll ein PC-Programm entwickelt werden. Die Parameter sollen im EEPROM des Mikrocontroller abgelegt werden. Der Betrieb muss auch ohne PC möglich sein.

2.3 Ansatz: „Quasi-Stationäre“ Regelung[II]

Um eine maximale Dynamik zu erreichen, ohne dabei auf die rechenintensiven Prinzipien der feldorientierten Regelung zurückzugreifen, wurde eine stationäre Betrachtung der Asynchronmaschine gewählt. Die begrenzenden Faktoren für die Dynamik sind der Motorstrom im motorischen und die Zwischenkreisspannung im generatorischen Betrieb. Mit einer Anpassung der Drehzahlrampe auf der Basis des Stromes und der

I Million instructions per second / Millionen Befehle pro Sekunde

II Für die Zwecke der vorliegenden Arbeit wird der Begriff „Quasi-Stationär“ eingeführt. Er repräsentiert die Betrachtung der Asynchronmaschine in einem stationären Arbeitspunkt, die Regelung kann als ein dynamisches Springen von einem Arbeitspunkt zum nächsten verstanden werden.

Zwischenkreisspannung ist eine hohe Dynamik in fast allen Betriebspunkten des normalen motorischen Einsatzes erreichbar. Hierzu soll der Motorstrom durch eine Mittelwertbildung unter der Annahme eines sinusförmigen Verlaufs mit entsprechender Umrechnung in Form eines Effektivwerts vorgegeben werden. Als Parameter für die Regelung bleiben dann ein Soll-Motorstrom-Effektivwert und eine maximale Zwischenkreisspannung. Diese Regelung gewährleistet naturgemäß keine stationäre Genauigkeit bezüglich der Drehzahl. Dies soll durch eine überlagerte Drehzalregelung, welche den Schlupf der Maschine durch eine interne Erhöhung der Solldrehzahl ausregelt, kompensiert werden. Bild 1 zeigt die Grundstruktur der Steuerung mit optionaler Drehzahlrückführung.

2.4 Einschränkungen

Durch die stationäre Betrachtung der Maschine sind Drehzahlen nahe dem Stillstand und der Stillstand selbst nicht zu beherrschen. Die Regelung wird eine Untergrenze der einstellbaren Drehzahl beinhalten. Die Regelung kann nur für den Betrieb an einem Motor verwendet werden. Der generatorische Betrieb muss sich auf das Abbremsen der Trägheitsmomente von Maschine und Last beschränken! Dem System darf keine zusätzliche Energie hinzugefügt werden. Dies würde für den Betrieb an einem Chopper auch keinen Sinn machen.

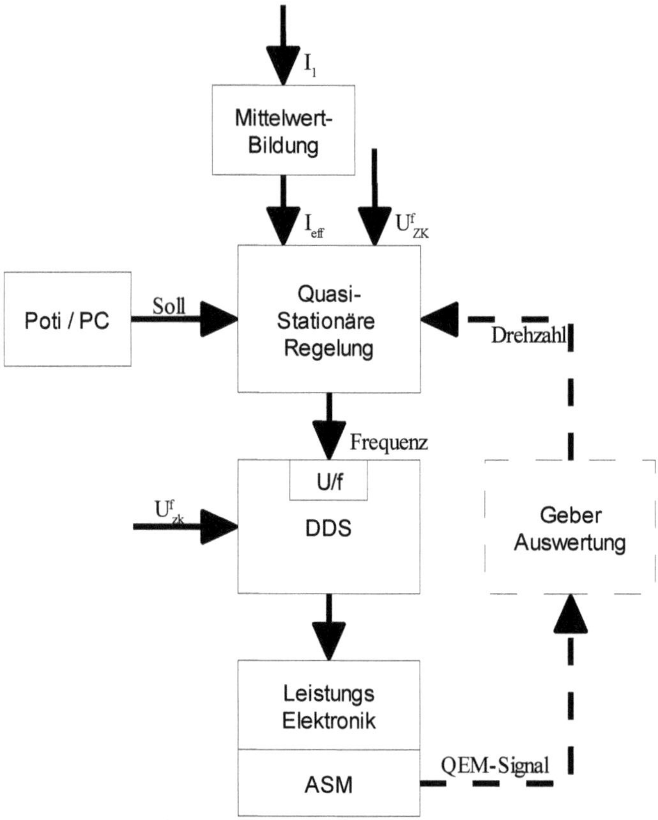

Bild 1: Grundstruktur

3. Erfassung der Messwerte

3.1 Erfassung des Motorstroms

Für die Strom-Begrenzung wird unter Annahme einer symmetrischen Maschine der Effektivwert des Motorstroms eines Leiters benötigt. Für die Notabschaltung bei Übertstrom werden 2 Leiter überwacht – der Strom des dritten lässt sich berechnen. Die Digitalisierung der Ströme findet im Highlevel-Interrupt mit 1,25KHz statt. Um die benötigte Rechenleistung zu verringern wurde eine sehr einfache Mittelwertbildung verwendet. Diese bildet die Summe der Beträge aller gemessenen Stromwerte zwischen zwei Nulldurchgängen der Motoransteuerung und dividiert diese dann durch die Anzahl der Messwerte.

$$\bar{I} = \frac{1}{n} \sum_{t=0}^{n-1} |I_U[t]|$$

Die Anforderungen an Rechenzeit und Speicher reduzieren sich auf ein Mininum. Das Problem dieser Methode liegt darin, dass ein aussagekräftiger Wert für den jeweiligen Strom immer erst nach einem Nulldurchgang verfügbar ist. Dies führt bei niedrigen Drehzahlen dazu, dass die Ergebnisse der Strommessung nicht aktuell genug sind und der Regler den Motor fälschlicherweise beschleunigt und in den Überstrom treibt. Um dieses Problem zu beheben, musste für niedrige Drehzahlen auf eine Rampensteuerung zurückgegriffen werden. Bild 2 zeigt das prinzipielle vorgehen, jeder Pfeil entspricht einer Aktualisierung des Ausgabewertes.

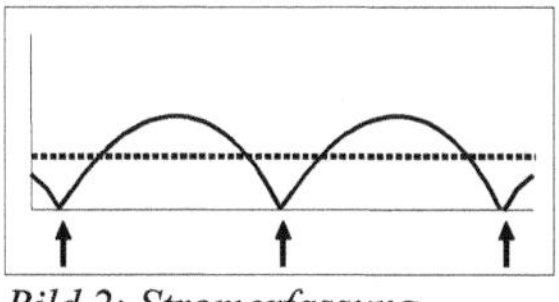

Bild 2: Stromerfassung

Aus der Annahme eines sinusförmigen[I] Stromes lässt sich der Zusammenhang zwischen Mittel- und Effektivwert direkt berechnen. Intern arbeitet der Mikrocontroller nur mit Mittelwerten, die Parametrisierung erwartet vom Benutzer die Angabe des gewünschten Effektivstromes, da dieser dem Menschen geläufiger ist. Der Zusammenhang kann wie folgt hergeleitet werden:

I Der eingeprägte Strom konnte durch Messungen als annähernd Sinusförmig bestätigt werden.

$$\bar{I} = \frac{1}{T}\int_0^T a\sin(t)\,dt$$
$$\bar{I} = \frac{a}{T}\left[-\cos(t)\right]_0^T$$

Betrachtung einer halben Periode: $T = \Pi$

$$\rightarrow \bar{I} = \frac{a}{\Pi}(+1+1) = \frac{2a}{\Pi}$$
$$\text{mit } a = \hat{I} = \sqrt{2}I_{eff}$$
$$\bar{I} = \frac{2\sqrt{2}}{\Pi} * I_{eff}$$
$$\rightarrow I_{eff} = \bar{I}\frac{\Pi}{2\sqrt{2}} \approx \bar{I} * 1,11072$$

Mit dieser Umrechnung ist es möglich, einen gewünschten Maximalstrom als Effektivwert vorzugeben und auf einem Messinstrument direkt abzulesen.

3.2 Erfassung der Zwischenkreisspannung

Die Anpassung des Aussteuergrades der PWM an die Zwischenkreisspannung, und die Begrenzung selbiger im generatorischen Betrieb erfordert eine genaue Erfassung der Zwischenkreisspannung. Sie wird im Highlevel-Interrupt mit 1,25KHz erfasst. Während der Entwicklung kam es bezüglich der Zwischenkreisspannung zu mehreren Problemen, auf die hier detailliert eingegangen werden soll:

3.2.1 Betrieb am Maschinenumformer

Die Anpassung der Pulsweiten bei sinkender Umformerspannung führt zu einem Verhalten mit positiver Rückkopplung: In jenem Moment, in dem die Spannung absinkt, fordert der Umrichter zusätzlich Strom vom Umformer. Selbiges geschieht in entgegen gesetzter Richtung, wenn die Zwischenkreisspannung aufgrund einer Laständerung ansteigt. Die Zeitkonstante[I] der Umformerregelung ist relativ groß – verglichen mit 1,25 kHz, mit denen der Stromrichter auf eine Spannungsänderung

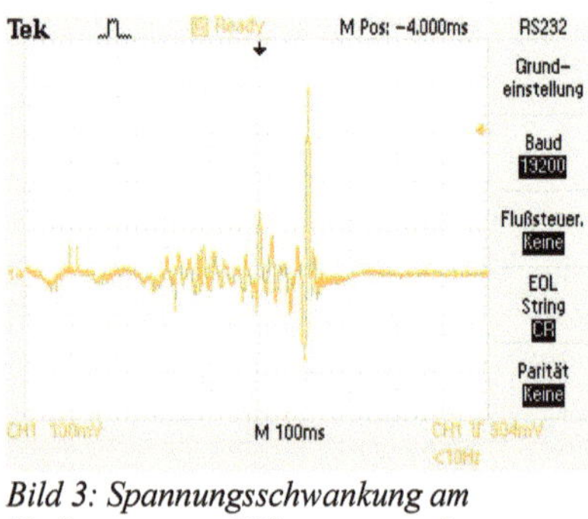

Bild 3: Spannungsschwankung am Umformersatz - 100mv entsprechen 50V/Div

I Genaue Informationen zur Zeitkonstante der Umformerregelung der Maschinenumformer am ETI konnte auf Anfrage nicht ermittelt werden – sie scheint sich aber jenseits einer Zehntel Sekunde zu befinden.

reagiert. Umformer und Umrichter bilden ein instabiles schwingungsfähiges System. Die Schwingungen haben im Testbetrieb mehrfach reproduzierbar zu Übertstromabschaltungen geführt und sind auf nebenstehendem Bild zu erkennen.

Um das System zu dämpfen, wurde eine Nachführung der internen Variablen der Zwischenkreisspannung mit einer einstellbaren Rampe integriert. Diese folgt dem gemessenen Zwischenkreiswert mit einem maximalen dU/dt von 1200, 600, oder 300 Volt pro Sekunde. Diese Maßnahme lässt einen gefahrlosen Betrieb auch an sehr trägen Umformern zu, allerdings auf Kosten der Spannungsstabilisierung an der Maschine.

Die hier zutage getretene Problematik (einer positiven Rückkopplung durch eine Last mit negativem Widerstand) wirft die Frage auf, ob sie sich bei zunehmendem Einsatz von Schaltnetzteilen und Umrichtern auch auf das öffentliche Energieversorgungsnetz übertragen lässt. Die Zusammenhänge sind sicherlich etwas komplexer, da die Frequenz geregelt werden muss, aber das Grundprinzip ist das gleiche.

3.2.2 Betrieb am Brückengleichrichter

Im Gegensatz dazu bietet der Brückengleichrichter genügend Leistung und Dynamik, so dass es im motorischen Betrieb nicht zu nennenswerten Anpassungen des Aussteuergrades und damit Schwingungen kommt. Allerdings wird durch die begrenzte Verlustleistung des Choppers auch die maximale Rückspeiseleistung im generatorischen Betrieb stark eingeschränkt.

Kondensatoren und Leistungshalbleiter am Zwischenkreis sind sehr empfindlich gegenüber Überspannungen. Aus diesem Grund musste für den Betrieb mit einer Diodenbrücke auf Netzseite eine sehr schnelle Regelung der Zwischenkreisspannung mit entsprechend schneller Erfassung realisiert werden. Dies verbietet den Einsatz größerer Zeitglieder in Form von Rampen. Nun trat zu Tage, dass das Signal der Zwischenkreismessung beim bestehenden Hardwareaufbau auf der Niederspannungsseite bei jedem Schaltvorgang der Leistungshalbleiter starke Störungen aufwies. Diese Störungen waren bisher durch die Rampe nicht aufgefallen. Das Problem ließe sich durch ein geschicktes Timing der Analog-Digital-Wandlung genau zwischen zwei Umschaltvorgängen umgehen. Leider reicht die Geschwindigkeit des AD-Wandlers des PIC18F4431 dafür allerdings nicht aus. Das Hauptproblem besteht darin, das eine AD-Wandlung zum falschen Zeitpunkt einen völlig falschen Wert ermittelt. Es wäre eine extrem hohe Abtastrate und damit viel Rechenleistung nötig, um das Signal digital zu filtern.

Um dieses Problem zu lösen, wurde ein eine einfache analoge Filterung mit einer Grenzfrequenz von ca. 1 kHz entworfen. Diese eliminiert die unerwünschten hochfrequenten[I] Störungen beim Umschalten. 1 kHz ist für die geforderte Dynamik absolut ausreichend. Da die Zwischenkreisspannungsbegrenzung nur mit 40Hz ausgeführt wird,

I Die Störungen wurden vor allem im dreistelligen KHz-Bereich beobachtet.

kann der Regler ohnehin nicht schneller reagieren. Ein Lochrasteraufbau ließ sich auf den Jumper der Mikrocontrollerplatine aufstecken und ist, wie Bild 4 zeigt, als RC-Tiefpass 2. Ordnung ausgeführt. Er löste das Problem vollständig. Der gefilterte Messwert U_{ZK} wird mit U^f_{ZK} bezeichnet.

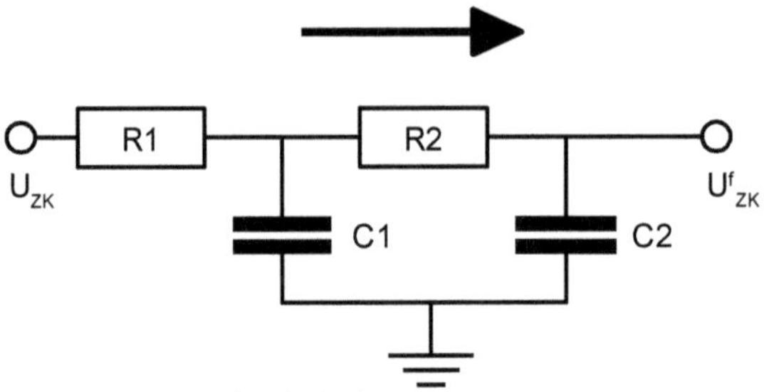

$R_1 = 270\,\Omega$
$R_2 = 330\,\Omega$
$C_1, C_2 = 4{,}7\,\mu F$

Bild 4: Passiver Filter 2. Ordnung

Die niedrigen Wiederstandswerte und hohen Kapazitäten werden benötigt, da der Filter direkt am Eingang des Mikrocontroller angeschlossen wird, und dieser eine niederohmige Signalquelle verlangt, um seinen Speicherkondensator in kürzester Zeit zu laden. Das Handbuch [Dat] empfiehlt ein Maximum von 2,5KΩ.

3.3 Erfassung der Drehzahl

Der Pic18F4431 enthält bereits eine Quadratur-Encoder-Schnittstelle. Diese ist komplett in Hardware realisiert und vereinfacht die Wandlung des Gebersignals für den Entwickler erheblich. Darüber hinaus werden damit keine Ressourcen an Ausführungszeit und Programmspeicher belegt. Prinzipiell muss die Schnittstelle nur richtig konfiguriert und dann bei Bedarf ausgelesen werden.

3.3.1 QEM-Geber

Ein QEM-Geber liefert drei der Drehzahl frequenzanaloge digitale Signale, zwei Phasen- (QEA, QEB) und ein Indexsignal (INDX). QEA und QEB liefern je Umdrehung z.B. Z = 1024 Impulse. Das Indexsignal dient der absoluten Lagebestimmung und liefert je Umdrehung einen Impuls, der der Nulllage des Gebers entspricht. Die Drehrichtung kann über eine Auswertung der Flanken der Phasensignale ermittelt werden.

3.3.2 EMV-Probleme bei der Inbetriebnahme des Gebers

Bei der ersten Inbetriebnahme des integrierten Gebers am Maschienensatz von Siemens traten starke EMV-Probleme zu Tage. Diese konnten erst nach längerer Untersuchung lokalisiert werden. Zunächst stand das relativ lange Kabel mit Schirmung unter Verdacht. Es stellte sich heraus, dass die Schirmung nicht mit der Masse der Schaltung verbunden war, weil der SUB-D-Stecker mit Plastik-Unterlegscheiben festgeschraubt worden war. Auch eine korrekt durchgeführte Schirmung behob den Fehler nicht. Das Problem besteht darin, dass eine überlagerte Frequenz auf dem digitalen Gebersignal einen Offset in der Drehzahlauswertung erzeugt. Durch die digitale Art der Datenübertragung gibt es praktisch keine Möglichkeit, diesen Fehler durch einen Filter zu beheben. Bild 5 zeigt die Messung zweier Komplementär-Signale (blau & grün) der differenziellen Übertragung des Gebers. Darunter ist die Differenz (rot), welche mit dem PC berechnet wurde, abgebildet. Es ist zu erkennen, dass die Störung auch in der Differenz auftritt. Dies bedeutet, dass die Störung nicht bei der Datenübertragung im Kabel, sondern noch vor der Differenzenstufe im Geber entstehen muss. Es schien empfehlenswert, einen anderen Maschienensatz mit neuem Geber zu testen. Dieser lieferte auf Anhieb ein einwandfreies Signalmuster und Drehzahlergebnis.

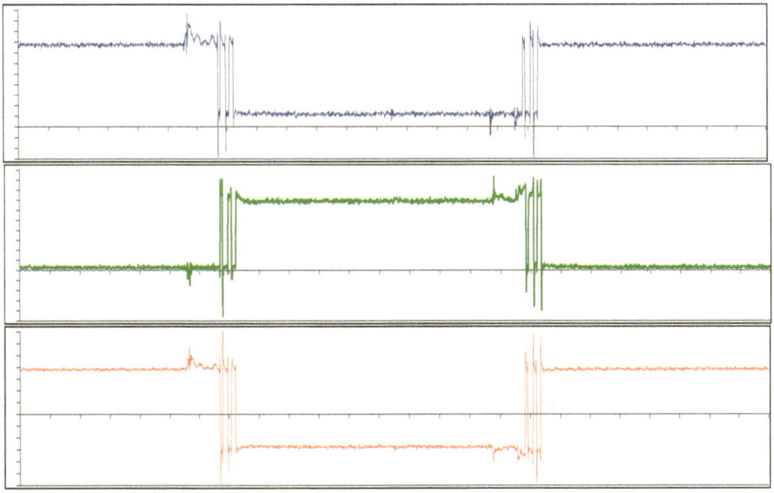

Bild 5: Fehlerbehaftetes Gebersignal

3.3.3 EXKURS: QEM-Simulator

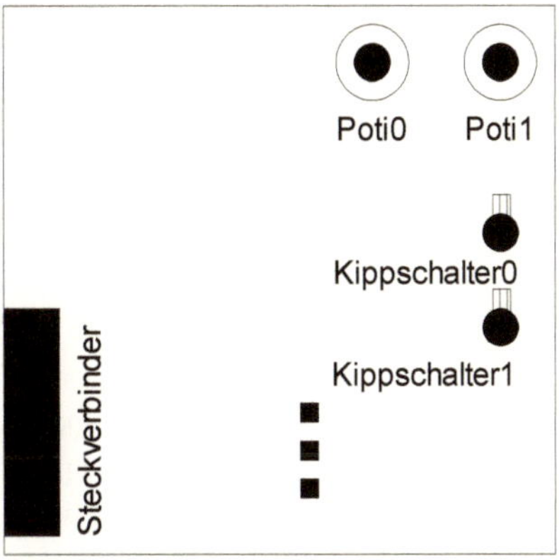

Bild 6: QEM Simulatorplatine

Um die Signalverarbeitung zu testen, wurde die QEM-Simulatorplatine von Tobias Gemassmer verwendet. Da keine Dokumentation zur Verfügung stand, musste zunächst die Funktionsweise ermittelt werden. Bild 6 zeigt die schematische Draufsicht. Alle angegebenen Kippschalter-stellungen beziehen sich auf diese Lage der Platine.

Die Schaltung arbeitet mit 5V und benötigt dabei 120mA. Sie erzeugt ein QEM-Signal eines Gebers mit 1024 Strichen pro Umdrehung. Kippschalter0 in ↑-Stellung erzeugt eine feste Frequenz, die mit dem PC eingestellt werden kann und derzeit auf 1644 U/min steht. Mit Kippschalter0 in ↓-Stellung kann die Frequenz mit Poti1 zwischen 1,122 U/min und 900 U/min eingestellt werden.

Leider ist die Frequenzeinstellung höchst nichtlinear und damit bei hohen Frequenzen extrem grob.

Mit Kippschalter1 wird die Drehrichtung eingestellt. Es ergeben sich folgende Signalmuster:

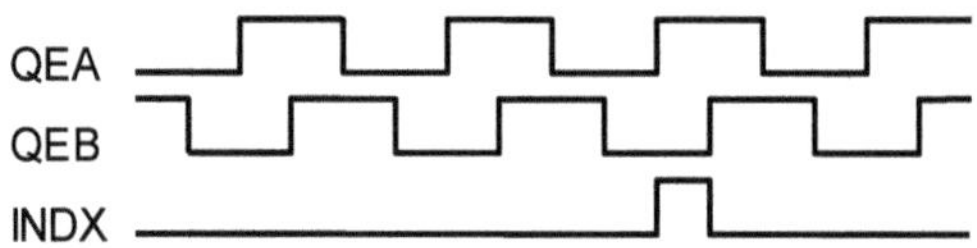

Bild 7: Kippschalter1 in ↑-Stellung

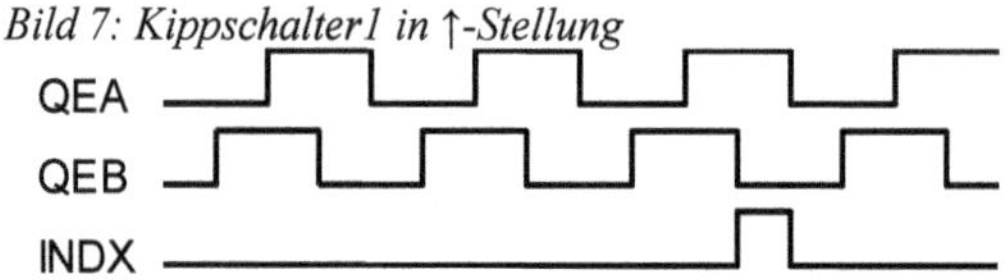

Bild 8: Kippschalter1 in ↓-Stellung

Eine detaillierte Beschreibung des QEM-Signals findet sich in [Dat].

3.3.4 QEM-Signalverarbeitung

Die Erfassung der Drehzahl kann auf Basis des QEA-Signals wie in [Mess] detailliert beschrieben, auf unterschiedlichen Wegen realisiert werden. Mit der Hardware des Mikrocontroller ist sowohl die Frequenzzählung in Bild 9, also die Zählung der Impulse in einem vorgegebenen Zeitintervall T, als auch die Periodendauermessung in Bild 12, also die Messung der Zeit ΔT zwischen zwei Impulsen, möglich. Maßgeblich für die Wahl der Methode ist der relative Quantisierungsfehler, der abhängig von der Drehzahl ist.

Die Frequenzzählung wird erst bei sehr hohen Drehzahlen N oder langen Zeitintervallen T interessant (blaue Kennlinie in Bild 12). Als

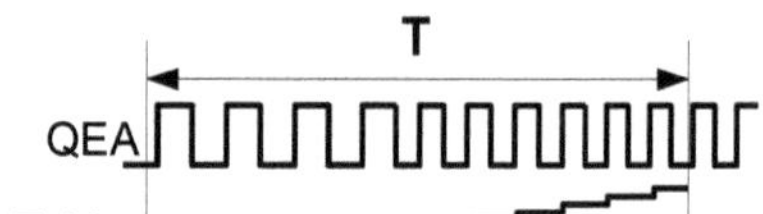

Bild 9: Frequenzzählung

Bild 10: Periodendauermessung

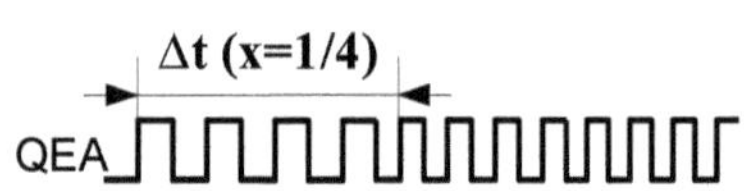

Bild 11: Periodendauermessung mit "Velocity Postscaler 1/4"

potentielle Zählerfrequenz f_0 wurde für die Frequenzzählung in dieser Gegenüberstellung 1,25 MHz gewählt, weil damit das längste Zeitintervall ($T = 1/f_0$) und somit der kleinste Fehler erreicht wird. Der relative Quantisierungsfehler der Freqenzzählung ist laut [Mess]:

$$F_r \le \frac{\varphi_0}{w_q T_{ref}} = \frac{c}{Z f_0 f} \quad \text{mit} \quad c = 2^{16} (\text{Zählermaximum})$$

Bei Verwendung der Periodendauermessung bietet der PIC18F4431 zusätzlich die Möglichkeit, die Anzahl der Impulse durch einen Hardwareteiler, dem so genannten „Velocity Postscaler“ wie in Bild 11 gezeigt, zu reduzieren. Für die Fehlerbetrachtung entspricht dies faktisch einer Reduzierung der Geberimpulse je Umdrehung, da die Hardwaredivision flankentreu arbeitet. Bild 12 zeigt die in rötlichen Farben dargestellten Verläufe für verschiedene Postcaler. Der relative Fehler der Periodendauermessung berechnet sich nach [Mess] folgendermaßen:

$$F_r \le \frac{w_q}{\varphi_0 f_0}$$

mit:

$$w_q = 2\pi f \quad \text{und} \quad \varphi_0 = \frac{2\pi}{Z}$$

$$F_r = \frac{Z*X}{f_0} * f$$

f_0: Zählerfrequenz
Z: Impulse pro Umdrehung
X: Postscaler $(\frac{1}{1}, \frac{1}{4}, \frac{1}{16}, \frac{1}{64})$
f: Drehfrequenz

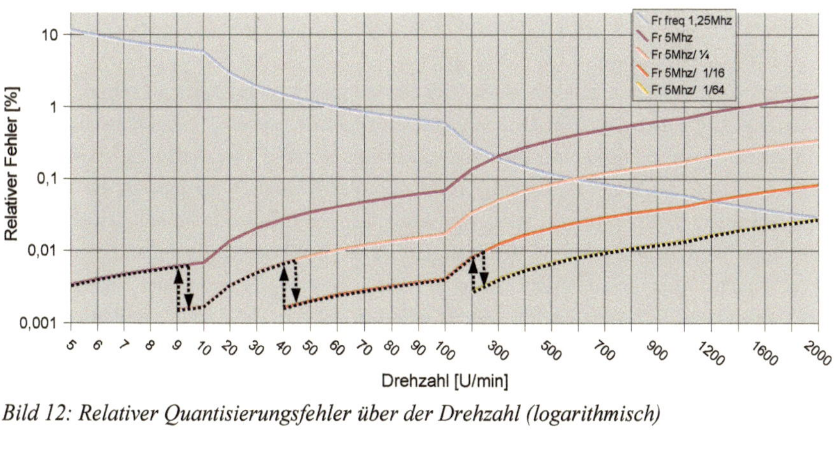

Bild 12: Relativer Quantisierungsfehler über der Drehzahl (logarithmisch)

Das stetige Verändern der Zählerfrequenz f_0 bei Verwendung der Periodendauermessung im laufenden Betrieb ist laut Handbuch [Dat] des PIC18F4431 nicht empfehlenswert. Für niedrige Drehzahlen wird die minimal messbare Drehzahl durch die maximal ermittelbare Zeit Δt, und damit durch den Überlauf des Zeit-Zähler-Registers beschränkt. Dies führt für jede Postscalerstufe zu einer minimal messbaren Drehzahl N_{min} (siehe Bild 13). Um genügend Reservern für die maximal messbare Drehzahl zu behalten, fiel die Wahl auf eine Zählerfrequenz von 5MHz. Damit ist mit z = 1024 im X2-Modus[I] eine Drehzahl hinunter bis auf N_{min}=2,29 U/min messbar.

$$f_{min} = \frac{f_0}{cZX} \; ; \; c=2^{16}(\text{Zählermaximum})$$
$$f_{max} = \frac{f_0}{ZX}$$
$$N = 60 * f$$

N_{min} [U/Min]		f_0 Timer Frequenz [Mhz]			
		10	5	2,5	1,25
X (Velocity Postscaler)	1	4,58	2,29	1,14	0,57
	0,25	18,31	9,16	4,58	2,29
	0,06	73,24	36,62	18,31	9,16
	0,02	292,97	146,48	73,24	36,62

Rot = nicht niedrig genug

Bild 13: Minimale Drehzahl je Postscalerstufe

3.3.5 Fazit

Die Periodendauermessung lässt sich folglich für den gesamten geforderten Drehzahlbereich einsetzten. Die aufwendige Umschaltung auf die Frequenzmessung ist nicht notwendig. Der auftretende Quantisierungsfehler lässt sich durch das einfache Umschalten des Postscalers beim Erreichen der Minimaldrehzahl der nächsten Postscalerstufe minimieren. So ist über den gesamten Drehzahlbreich stets ein minimaler Quantisierungsfehler gewährleistet. Allerdings wird bei jedem Umschaltvorgang der Zähler zurückgesetzt und damit der nächste Wert ungültig. Aus diesem Grund bedarf es einer Hysterese, da sonst beim Verharren auf der Grenzdrehzahl ständig ungültige Werte entstehen würden. Die gestrichelte Linie in Bild 12 zeigt die gewählte Wandlungsstrategie.

I Der X2-Modus des PIC18F4431 wertet beide Flanken des QEA-Signals aus und entspricht damit einer Verdopplung der Zähne.

4. Verarbeitung der Messwerte

4.1 Notabschaltung

Um einen sicheren Betrieb des Umrichters ohne Zerstörung der Halbleiter zu gewährleisten, ist eine zuverlässige Notabschaltung beim Überschreiten gewisser Schranken unverzichtbar. Der PIC18F4431 bietet hier einen großen Vorteil: Eine Hardware-Fehler-Behandlung. Unabhängig von Programmablauf kann ein Notaus von Gatetreibern oder Taster ausgelöst werden, indem die Leitung des Fault Pin auf Ground-Potenzial gezogen wird. Dies führt zu einer sofortigen, kontrollierten Abschaltung aller Leistungshalbleiter.

Zusätzlich kann es auch zur Abschaltung über Software kommen. Dazu werden die Motorströme und die Zwischenkreisspannung im Highlevel-Interrupt mit 1,25 kHz überwacht, und mit den eingestellten Maximalwerten verglichen. Bei Überschreiten selbiger wird ein Notaus ausgelöst. Dies stellt einen zuverlässigen Schutz gegenüber unzulässigen Arbeitspunkten des Umrichters dar.

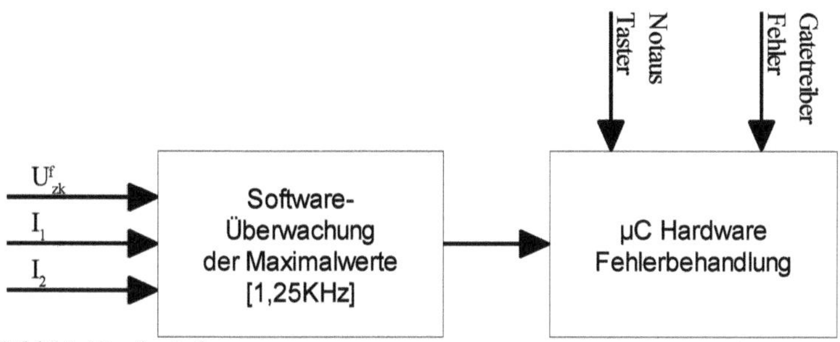

Bild 14: Notabschaltung

WARNUNG: Es muss beachtet werden, dass ein Notaus nicht den schnellstmöglichen Stillstand der Maschine herbeiführt, sondern nur die Leistungselektronik des Umrichters schützt. Der Notaustaster ist nicht als Maschinen-Notaus zu verstehen!

4.2 Motoransteuerung

Die Ansteuerung der Leistungselektronik mittels direkter digitaler Synthese (DDS[I]) über eine Phasenrotation, eine Sinustabelle und die PWM-Einheit des Mikrocontroller war im bestehenden Programm bereits vollständig vorhanden. Die Hardware des PIC18F4431 übernimmt die Ansteuerlogik der Leistungstreiber komplett. Die Erzeugung der PWM, die komplementäre Beschaltung der Schalter und die Verriegelungszeit müssen nur richtig

I http://de.wikipedia.org/wiki/Direct_Digital_Synthesis

initialisiert werden – die Ansteuerung beschränkt sich also auf das Setzten von 3 PWM-Aussteuergraden. Die zu Grunde liegende Struktur ist in [AN900] detailliert beschrieben und basiert auf dem Verfahren der direkten digitalen Synthese. Hier also nur die Beschränkung auf die wesentlichen Punkte:

4.2.1 Phasenrotation/DDS

Für die Umsetzung der DDS wird jeder Phase eine Zählervariable zugerordnet. Diese kann maximal 65536 betragen, besteht also aus 2 Bytes. Die Variablen werden zu Beginn mit 0, 21845 und 43690 initialisiert. Dies entspricht einer Phasenverschiebung von 120° in Bezug auf 65536 als ganze Umdrehung. Die Phasenrotation addiert nun in festen Zeitabständen jeder der Variablen den gleichen, frequenzproportionalen Wert hinzu. Bei einem Überlauf über 65536 fängt der Zähler wieder bei 0 an. Das höherwertige Byte wird als Index für eine Sinustabelle verwendet. Dadurch genügt eine Sinustabelle mit 256 Einträgen. Dies ist präzise genug und an das begrenzte Speicherangebot des Mikrocontroller angepasst. Die Vorgehensweise mit 2-Byte-breiten Zählervariablen erhöht indes die Möglichkeit, auch kleine Frequenzeinstellungen genau vorzunehmen.

4.2.2 Pulsweitenmodulation

Für jede Phase wird der Wert des Sinus aus einer Tabelle ermittelt. Dieser wird mit dem Spannungswert aus der U/f-Kennlinie, und einem Korrekturwert für die gemessene Zwischenkreisspannung multipliziert und anschließend auf den PWM-Wertebereich normiert. Wie aus Bild 16 ersichtlich ist, ergibt sich eine Pulsweitenmodulation, deren Aussteuergrad von der Vorgabe aus der U/f-Kennlinie und der aktuellen Zwischenkreisspannung abhängig ist.

4.2.3 Frequenzen

Die Ansteuereinheit wird mit 1,25 kHz ausgeführt. Dies bedeutet, dass die mit 5KHz getakteten Leistungshalbleiter bei jedem 4. Schaltvorgang einen neuen Raumzeiger zugewiesen bekommen. Bei einer Drehfeldfrequenz von 50Hz entspricht dies 25 Raumzeigeränderungen, also 25 Stützstellen der Sinustabelle pro Feldumdrehung. Dies ist zwar nicht mehr besonderes viel, der Testbetrieb hat allerdings gezeigt, dass dies unproblematisch ist. Eine Erhöhung auf 2,5KHz ist auf Grund der begrenzten Rechenzeit nicht möglich.

In Bild 15 ist zu erkennen, dass sich der Mikrocontroller mit der aktuellen Realisierung bereits ca. 40% der insgesamt verfügbaren Rechenzeit im Highlevel-Interrupt befindet. Dies bedeutet, dass für alle übrigen Aufgaben 50% der Rechenleistung übrig bleiben, beachtet man, dass für einen regelmäßigen Ablauf des Programms noch ein Puffer von ca. 10% zu gewährleisten ist. Ansonsten kann es z.B. dazu kommen, dass die Regelung anstatt mit 40Hz, nur noch unregelmäßig ausgeführt wird.

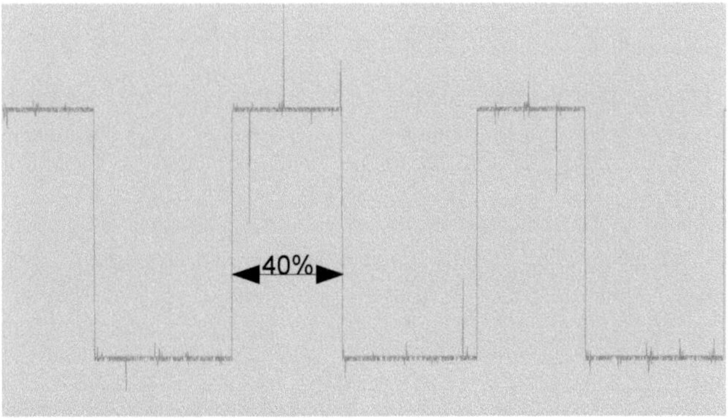

Bild 15: Zeit im Highlevel Interrupt

4.3 „Quasi-Stationäre“ Regelung

Die Regelung wird mit 40Hz ausgeführt. Dies ist für die stationäre Betrachtung ausreichend und erlaubt dennoch eine ordentliche Dynamik. Allerdings reichen 40Hz nicht aus, um die Eigenfrequenz des elektrischen Systems zu kompensieren. So stellte sich beim Testen im Leerlauf bei konstanter Ausgangsfrequenz bei 400U/min eine Schwingungsverhalten[I] ein. Begrenzt wird im motorischen Betrieb der Motorstrom und im generatorischen Betrieb die Zwischenkreisspannung. Für beides werden maximale Werte vorgegeben. Aufgrund der stationären Betrachtungsweise muss der maximale Motorstrom so gewählt werden, dass der Motor dabei immer unter dem Kippschlupf also einem „Kippstrom“ bleibt, siehe [AN900]. Die Ansteuerung des Stellglieds, also DDS und U/f Kennlinie, benötigen als Eingang eine Frequenz mit Vorzeichen. Als Ausgang des Regelalgorithmus muss somit eine Frequenz für das Drehfeld im Motor stehen.

4.3.1 Regelstrecke

Die verwendete U/f Kennlinie mit Offset und Zwischenkreisanpassung, die Leistungselektronik, sowie der Motor mit unbekannter Last, sind komplexe nichtlineare Übertragungsglieder, welche unter hohem Aufwand beschrieben werden müssten, oder im Falle des Motors und der Last unbekannt sind. Da der Regler auch mit anderen Leistungsteilen, z.B. einer MOSFet Niederspannungseinheit betrieben werden soll, muss auch dieses Glied als unbekannt angenommen werden. Die Regelstrecke aus Bild 16 ist damit strukturell, nicht aber in ihren Parametern bekannt.

I Das Schwingungsverhalten war unproblematisch und beschränkte sich auf einen sehr schmalen Drehzahlbereich. Mit den Möglichkeiten der gewählten Form der Regelung sind diese Schwingungen nicht kontrollierbar.

4.3.2 Reglerentwurf

Da eine vollständige Modellierung der Regelstrecke nicht möglich war, wurde auf der Suche nach einem geeignetem Regelalgorithmus auf eine experimentelle Vorgehensweise zurück gegriffen.

Für die verschiedenen Betrachtungen wurde zur Vereinfachung zunächst nur der motorische Fall gewählt. Der generatorische wurde erst zum Schluss, bei Betrieb am Chopper, genauer Betrachtet.

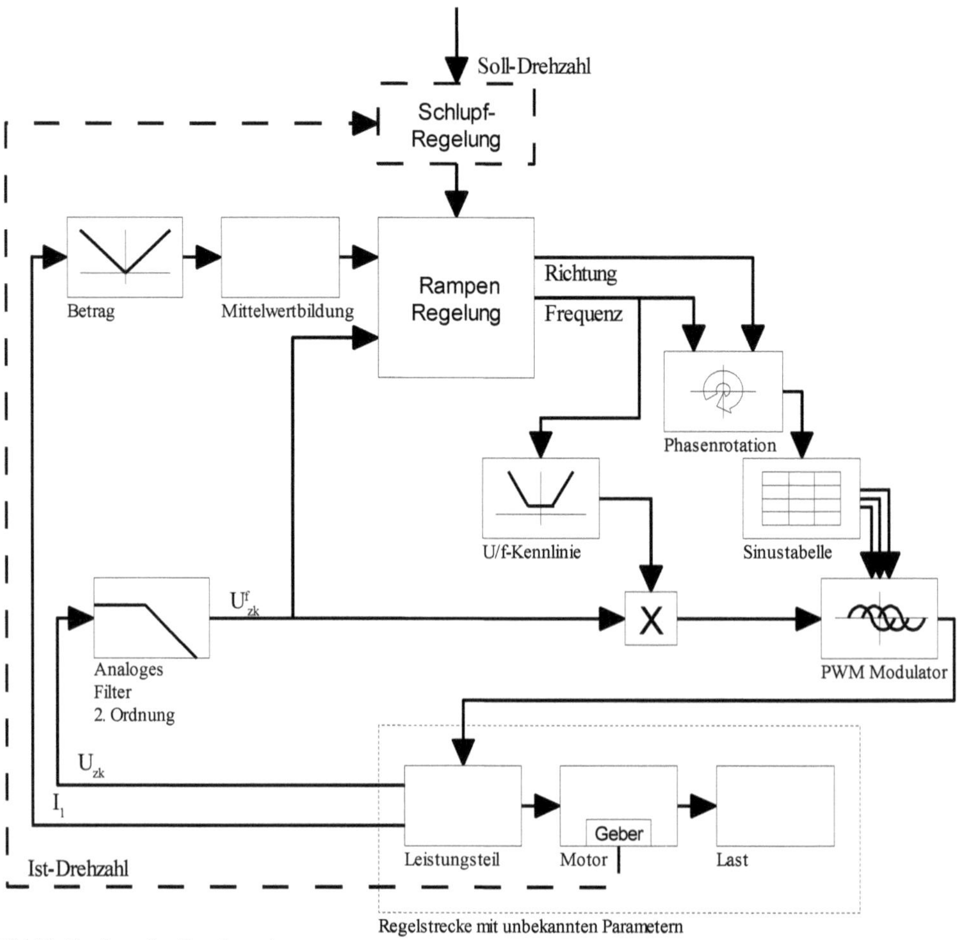

Bild 16: Struktur der Regelstrecke

4.3.3 Direkte Regelung der Drehzahl

Der erste und einfachste Ansatz war, die Drehzahl direkt abhängig vom Motorstrom mit einem Zweipunktverhalten zu Regeln. Ist der Strom zu hoch, wird die Drehzahl um X gesenkt, ist der Strom zu niedrig wird die Drehzahl um X erhöht. Dies geschieht solange, bis ein X-breiter Bereich um die Solldrehzahl erreicht ist. Diese Vorgehensweise hat allerdings den Nachteil, dass sie den Sollwert für die Drehzahl nicht exakt erreichen kann. Dies konnte verbessert werden, indem X analog einem P-Regler der Regeldifferenz angepasst wurde, X also mit Annäherung an den Sollwert kleiner wird. Damit ist das System bezüglich der Frequenz stationär genau. Allerdings führt das Zweipunktverhalten des Reglers in Kombination mit der Massenträgheit des Rotors und der Zeitverzögerung der Stromerfassung zu Schwingungen, welche je nach Parameter instabil werden, was zu einem Überstrom mit Notabschaltung führt.

Diese Form der Regelung funktionierte Teilweise bereits recht gut, war allerdings bezüglich der Zuverlässigkeit ungenügend.

4.3.4 Regelung der Drehzahl-Rampe

Dem nächsten Ansatz liegt der Vergleich mit einer im Leerlauf befindlichen, idealen permanenterregten Gleichstrommaschine zu Grunde. Im Leerlauf fließt kein Strom, M_{last} ist 0. Beim Beschleunigen ist der Strom I_{dyn} proportional zum Drehmoment und damit proportional zur Änderung der Drehzahl. Es muss also statt der Drehzahl die Rampe $\dot{\Omega}$ geregelt werden. Es gilt:

$$I \sim M$$

$$M = \dot{\Omega} * J + M_{last}$$

$$I = I_{dyn} + I_{Last}$$

$$I_{dyn} \sim \dot{\Omega} \ , \ I_{Last} = 0$$

$$I \sim \dot{\Omega}$$

Ein Zweipunktverhalten ist für die Rampe ausreichend. Dies bedeutet: Wenn der Strom kleiner dem Sollstrom ist, wird die Rampe steiler, ist er größer, wird sie flacher. Der Wert, um den die Rampe verändert wird, also die 2. Ableitung der Drehzahl, kann vom Benutzer vorgegeben werden. Um nun noch die Solldrehzahl zu erreichen, muss die Rampe bei Annäherung an selbige kleiner werden. Dies geschieht durch eine einstellbare dynamische Begrenzung der Rampe:

$$|\mathrm{Rampe}| \overset{!}{<} \frac{|\mathrm{soll} - \mathrm{ist}|}{2^{t}}$$

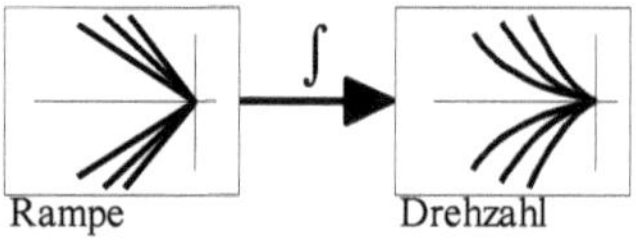

Damit hat der Wert Rampe bei Annäherung der Drehzahl an den Sollwert eine lineare Gestalt. Da die Rampe der Ableitung der Drehzahl entspricht, nähert sich diese dem Sollwert in einer Parabelform. Eine Schwingung um den Sollwert wird somit effektiv verhindert. Die Regelung wird stationär genau.

Da nicht von einer idealen Maschine ausgegangen werden kann und auch das Aufschalten einer Last zu einem Strom führt, muss darüber nachgedacht werden, was dies für die Regelung bedeutet. In der Praxis lässt der additive Strom die Regelung schneller an den Sollwert stoßen, dies führt zu einer flacheren Rampe und einer langsameren Beschleunigung der Drehzahl.

$$I_{Last} \sim M_{Last}(\Omega)$$

Im Fall einer Lastzuschaltung steigt der Strom auch ohne Drehzahländerung auf oder sogar über den Sollwert. In diesem Fall wirkt die Rampenregelung als „Kippschutz“, sie reduziert die Drehzahl solange, bis der Strom wieder dem Sollwert entspricht, und hält diesen. Diese Form der Regelung hat sich als sehr effektiv und stabil erwiesen und wurde deswegen beibehalten.

4.3.5 Regelung der Bremsrampe

Da der Regler nur an Motoren zum Einsatz kommen soll, dient der Bremsvorgang allein dem Vernichten der Rotationsenergie von Maschine und Last. Im generatorischen Betrieb wird die Zwischenkreisspannung durch einen Zweipunktregler der Bremsrampe begrenzt. Steigt die Zwischenkreisspannung über den eingestellten Maximalwert, wird die Rampe um einen einstellbaren Wert flacher, sinkt sie darunter wird wieder die Stromregelung angewandt, und damit die Rampe wieder steiler. Der Wert für die Abschwächung der Bremsrampe muss so voreingestellt werden, dass die Zwischenkreisspannung keinesfalls weiter steigt. Bei einer Änderung der rotierenden Massen, muss er unbedingt angepasst werden.

4.3.6 Feste Rampen um 0

Da die Totzeit der Stromerfassung bei kleinen Drehzahlen zu groß wird, muss bei Drehzahlen um 0 eine feste Rampe eingesetzt, und auf die Strombegrenzung verzichtet werden. Um beim Reversieren dennoch eine möglichst hohe Dynamik zu erreichen, sind zwei Drehzahlbereiche vorgesehen: Ein innerer, in dem die Rampe sehr konservativ eingestellt wird, um das Losbrechen des Motors ohne Überstrom zu gewährleisten. Und ein äußerer, dessen Rampe den Übergang zur Stromregelung beschleunigt. Eine detaillierte Beschreibung der Regelparameter findet sich in der Benutzer-Anleitung.

4.3.7 Probleme bei Lasten mit negativen Drehmomentkoeffizient

Die Rampenregelung geht von der Vorstellung aus, dass eine Erhöhung der Drehzahl in jedem Fall zu einem höheren Motorstrom führt. Ist dies nicht der Fall, wird die Regelung exakt entgegengesetzt reagieren und es kann sich kein stabiler Arbeitspunkt einstellen. Wenn die Last bei höheren Drehzahlen ein niedrigeres Moment verlangt, wird die Rampenregelung instabil. Der Betrieb an solch einer Last ist aus diesem Grunde nicht sicher.

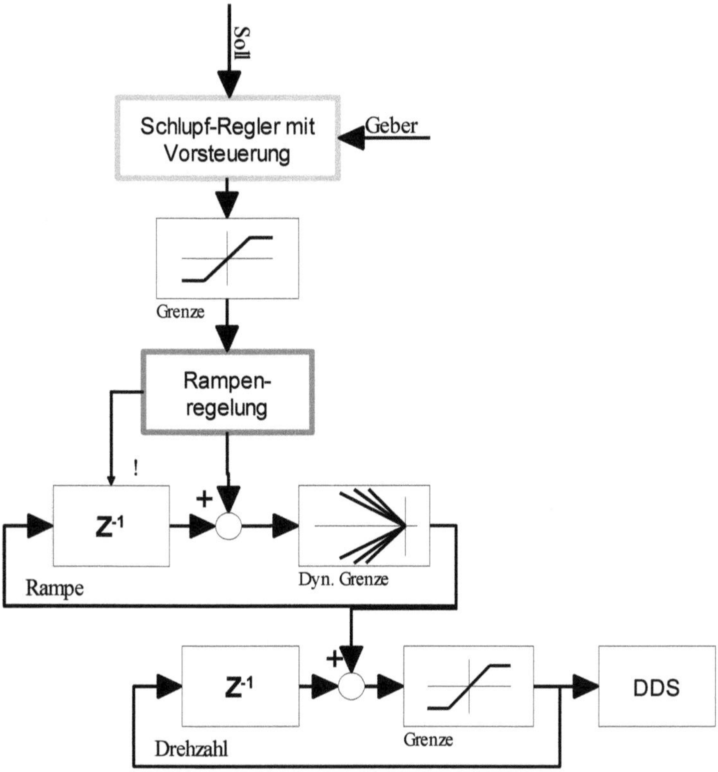

Bild 17: Reglerstruktur Rampe/Drehzahl

Mit dieser Form der Motorstrom- und Zwischenkreisspannungsbegrenzung ist ein sicherer und zuverlässiger Betrieb mit hoher Dynamik gewährleistet. Der Regler hat sich in vielen Testläufen als sehr tauglich erwiesen. Bild 17[I] zeigt die vollständig realisierte Reglerstruktur. In Bild 18 ist der der logische Ablauf der Rampenregelung abgebildet.

I Die Farbgebung der Rahmen entspricht den folgenden Abbildungen und dient der Übersichtlichkeit.

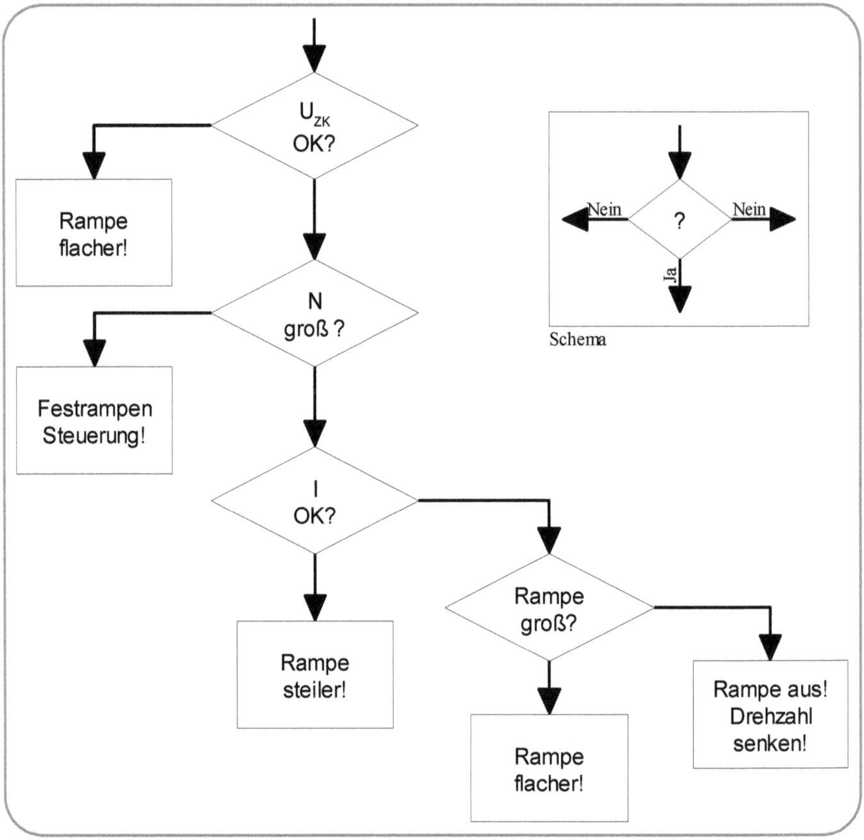

Bild 18: Detailliert - Rampenregelung

4.4 Drehzahlregelung

Die Drehzahlregelung in Bild 19 ist der Rampenregelung aus Bild 18 überlagert und regelt den Schlupf der Maschine aus. Der erste Versuch, einen einfachen PI-Regler einzusetzten, scheiterte daran, dass es nicht möglich war, Parameter[I] zu finden, welche über den gesamten Drehzahl- und Lastbereich befriedigende Ausregelzeiten und Schwingungsverhalten zeigten. Die reine Steuerung bot bereits ein relativ gutes Ergebnis, welches nicht negativ beinflusst werden sollte.

I Es wurden verschiedene Vorgehensweisen aus [Föll] getestet, so z.B. auch Ziegler-Nichholz.

Die genauere Betrachtung der Regelaufgabe führte dazu, dass ein einfacher I-Regler mit Vorsteuerung optimal sein müsste. Denn eigentlich stellt der Schlupf der Maschine mit Rampenregelung nur eine kleine Regelabweichung dar. Wenn nun der I-Regler erst zugeschaltet wird, wenn die Regeldifferenz dem Maximal ausregelbaren Schlupf unterschreitet, kann ein schneller Regler mit kleinem Überschwingverhalten realisiert werden. Als Basis der Überlegungen diente [Braun].

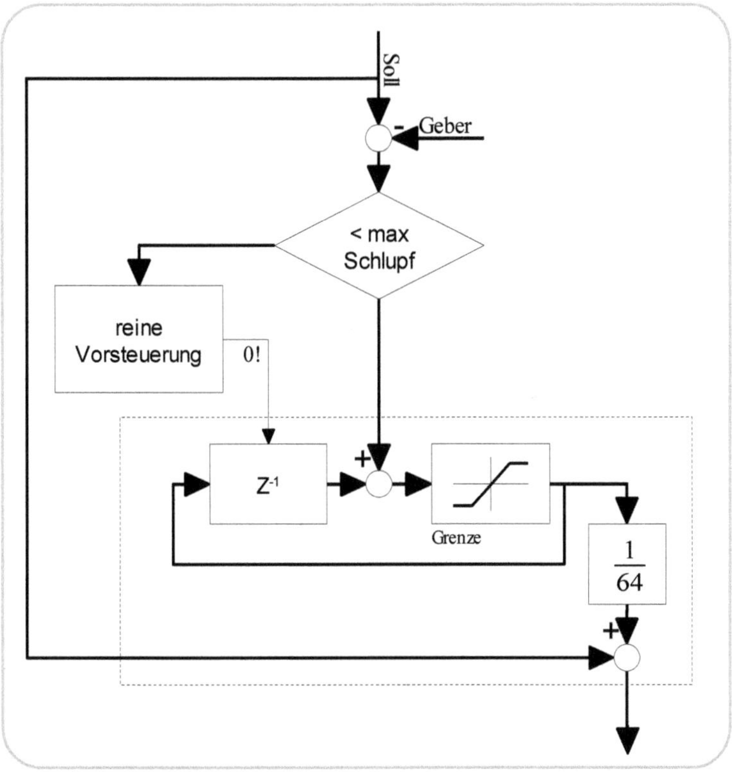

Bild 19: Drehzahlregelung mit Vorsteuerung

5. Software

5.1 Mikrocontroller Software

Da die detaillierte Beschreibung der Quelltexte den Rahmen dieses Dokuments sprengen würde, werde ich hier ausschließlich den Aufbau und die Struktur des Programms beschreiben. Der Quelltext ist kommentiert und dient selbst als Dokumentation.

Ein Hauptbestreben war es, ein möglichst modulares Programm zu entwickeln, so dass jeder Entwickler einzelne Module daraus für seine Programme verwenden kann.

5.1.1 Module

Eine detaillierte Beschreibung für die Verwendung der Module findet sich in der jeweiligen Header-Datei. Einen Überblick über die wichtigsten Zusammenhänge im vorligenden Programm liefert Bild 20.

In main.c werden folgende Module eingebunden:

ADC.h	Stellt die Funktionen zum Einlesen von vier analogen Werten zur Verfügung.
EEPROM.h	Ermöglicht das Speichern und Lesen von Datenblöcken im EEPROM
IO.h	Ein/Ausgabe (ausser Poti) über das Bedienteil. Blinkmodi, LEDs, Taster
PCCOM.h	Kommunikation mit dem PC über RS232 und dem auf Seite 26 beschriebenen „NibbleTransfer" Protokoll.
PWM.h	Ansteuerung der IGBTs, Überwachung von Strömen und U_{zk}. Mittelwertbildung eines Stromes.
QEM.h	Erfassung der Drehzahl eines QEM-Gebers mit Postscaler-Anpassung zur Fehlerminimierung.
REGLER.h	Quasi-Stationäre Regelung des Motorstromes und Zwischenkreisspannung, Drehzahlregelung.
SYS.h	Semaphoren, Speicher-, Hilfs-, und interruptsichere Mathematikfunktionen.

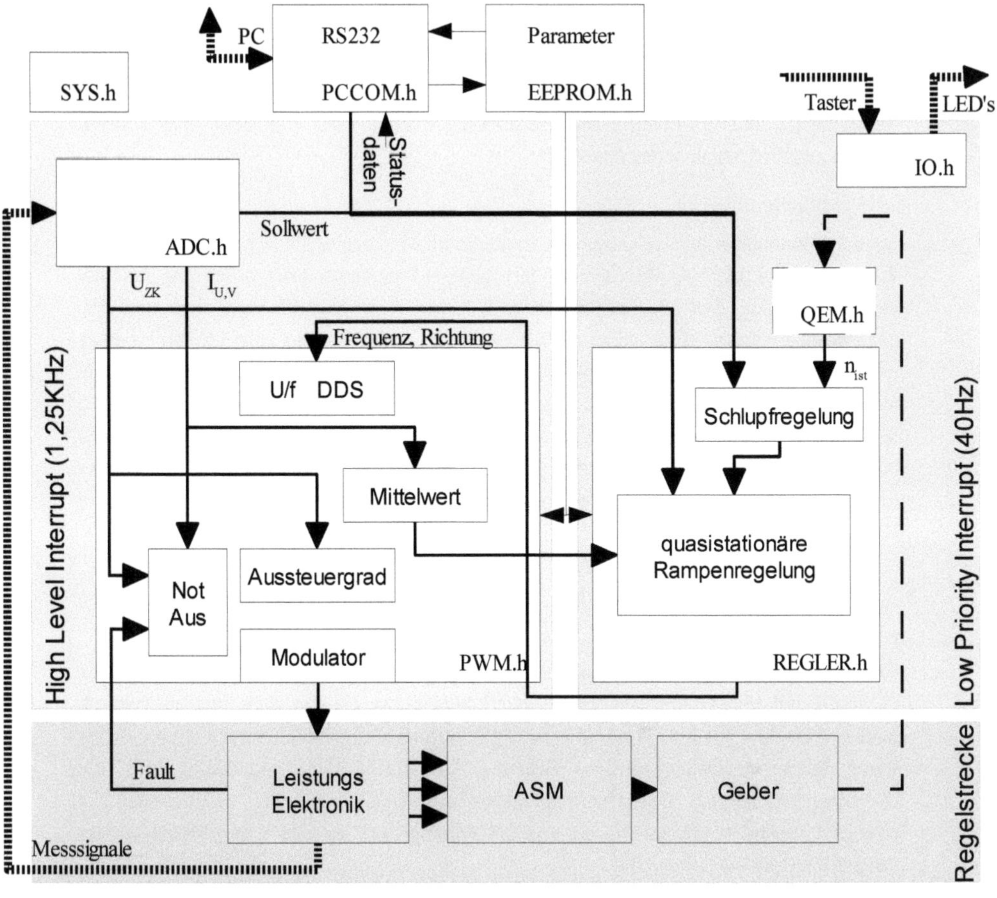

Bild 20: Programmstruktur Mikrocontroller

5.1.2 Interrupt-Struktur

Der PIC18F4431 hat zwei Interrupt-Ebenen. Einen Highlevel-Interrupt (HL) der mit 1,25 kHz ausgeführt wird, und einen Lowlevel-Interrupt (LL) der mit 40 Hz ausgeführt wird. Der LL kann vom HL unterbrochen werden. Beide unterbrechen das Hauptprogramm. Die Interrupts sind die gesamte Zeit aktiviert, mit einer Ausnahme: Beim Beschreiben des EEPPROM darf es keine Unterbrechungen geben. In der Routine des HL wird der AD-Wandler ausgelesen, die Notausbedingungen überprüft und der Aussteuergrad der PWM-

Einheit verändert. Im LL wird die Regelung von Strom, Spannung und Drehzahl ausgeführt. Außerdem wird die Ein/Ausgabe für den Benutzer verarbeitet. Der HL benötigt im Betrieb ca. die Hälfte der verfügbaren CPU-Zeit. Das Hauptprogramm enthält kein zeitkritisches Modul und dient nur der Kommunikation mit dem PC. Für die Kommunikation zwischen den einzelnen Interrupt-Ebenen, zum Beispiel der Übergabe des Poti-Messwertes von HL nach LL, werden Semaphoren eingesetzt.

5.1.3 Semaphoren

Bei der Kommunikation zwischen den verschiedenen Modulen ergibt sich das Problem, dass durch die 8bit Struktur des Mikrocontrollers mehrere Programmschritte notwendig sind, um eine Variable zu lesen oder zu schreiben. Während eines Zugriffs kann diese vom HL unterbrochen werden. Wenn dieser dann auch auf die selbe Variable zugreift, kommt es zu inkonsistenten Daten. Um das Problem zu umgehen, verwendet man Hilfsvariablen, auf die innerhalb eines Programmschrittes zugegriffen werden kann. Diese „Locks", oder auch Semaphoren genannt, sperren während des Zugriffs des LL die eigentliche Variable. Der HL überprüft vor jedem Zugriff, ob die Semaphore gesetzt ist. Ist dies der Fall, überspringt er den Programmteil und versucht es beim nächsten Durchlauf erneut. Für eine genaue Erläuterung empfiehlt sich [DReg].

5.2 Kommunikation mit dem PC

Für die Kommunikation mit dem PC wird die weit verbreitete RS232 Schnittstelle verwendet. Da die Signalverarbeitung und Regelung des Motors oberste Priorität hat, wurde die Kommunikation komplett in den Hauptteil des Programms, also ohne Interrupt Priorität realisiert. Da der PIC18F4431 nur über wenig Arbeitsspeicher verfügt, musste mit möglichst wenig Puffer gearbeitet werden. Oberstes Ziel für die Kommunikation war die Übertragungssicherheit. Die Übertragungsgeschwindigkeit war eher zweitrangig. Ein eigenes Protokoll wurde entwickelt und „NibbleTransfer" genannt - ein Nibble ist der Fachterminus für ein halbes Byte.

5.2.1 NibbleTransfer Protokoll

Da nur die RS232 Datenleitungen ohne Hardware-Parityüberprüfung zur Verfügung steht, müssen sämtliche Steuer- und Sicherungsdaten in einem Datenstrom übertragen werden. Da Geschwindigkeit kein entscheidendes Kriterium war, werden nur die Hälfte der Bits für Nutzdaten verwendet. Die ersten vier Bits (High Nibble) sind für Steuer- und Sicherungszwecke vorgesehen. Die zweiten vier Bits (Low Nibble) für die Nutzdaten. Ein Byte ist folgendermaßen aufgebaut:

<table>
<tr><td colspan="4">high Nibble
Steuer- und Sicherung</td><td colspan="4">low Nibble
Nutzdaten</td></tr>
<tr><td>Ident1</td><td>Ident0</td><td>Parity</td><td>Seq</td><td>Bit3</td><td>Bit2</td><td>Bit1</td><td>Bit0</td></tr>
</table>

Bild 21: NibbleTransfer Bytestruktur

- Ident1,0: 00 Ignore, 01 Steuerzeichen, 10 Reset, 11 Raw-Daten
- Parity: Grade Parität über alle Bits, es sei denn, es handelt sich um ein Resetpaket
- Seq: Sequence Bit, immer im Wechsel 0/1, der Empfänger kann überprüfen, ob er ein Byte verpasst hat.

Die Sende- und Empfangslogik ist einfach gehalten. Beim Senden wird das Byte mit dem Sequence-, und dem Paritybit versehen. Beim Empfangen werden diese beiden überprüft. Tritt ein Fehler auf, wird mit einem Reset-Paket geantwortet. Wird ein Reset-Paket empfangen, wird auf dieses wiederum mit einem Resetpaket geantwortet, sofern es sich beim letzten gesendeten Paket nicht schon ein Reset-Paket gehandelt hatte. Damit ist gewährleistet, das im Falle eines Fehlers beide Kommunikationspartner sicher einen Reset der Datenübertragung durchführen.

5.2.2 Beispiel Nutzdatenübertragung

Die Funktionsweise der Kommunikation wird am Besten an einem Beispiel verdeutlicht: Es sollen 2 Nutzbytes, 0x45 und 0x78, vom PC an den Mikrocontroller übertragen werden.

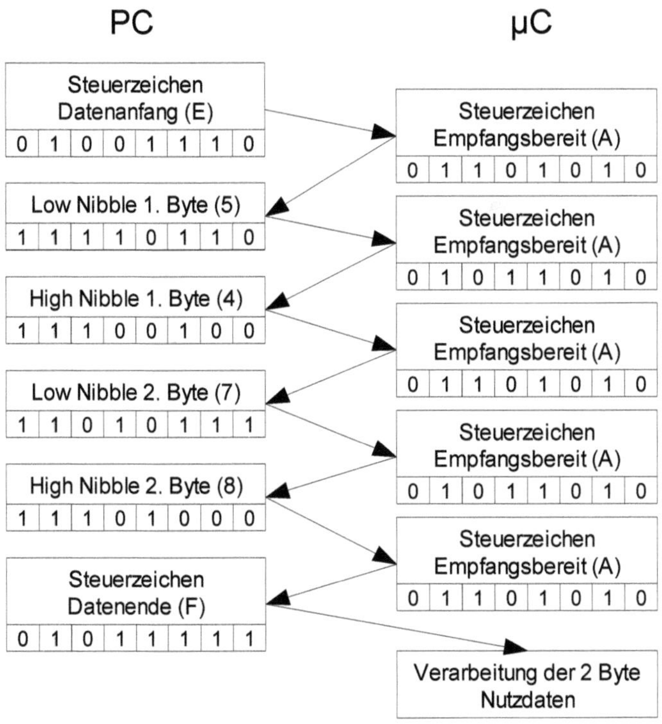

Bild 22: Datenübertragung NibbleTransfer

5.3 PC Software

Für die Entwicklung der PC-Software erschien die Entwicklungsumgebung Delphi 7 SE ideal, weil bereits Vorkenntnisse in Delphi vorlagen und es eine äußerst effiziente Entwicklung von Windowsprogrammen mit Benutzeroberfläche erlaubt.

Das entwickelte Programm besteht aus einer Oberfläche, welche der Anzeige der Messwerte und dem Einstellen der Parameter dient. Die Kommunikation über das „NibbleTransfer"-Protokoll wurde in einem abgeschlossenen Modul gekapselt. So kann das Protokoll auch für andere Projekte verwendet werden. Eine detaillierte Beschreibung des Quelltextes würde den Rahmen dieser Dokumentation sprengen. Hier wird auf den Kommentierten Source-Code verwiesen. Eine Beschreibung der Benutzeroberfläche findet sich im Kapitel 7 „Benutzer-Anleitung".

6. Test und Einsatz

6.1 Test: 9,2KW Dauerbetrieb

Um die Leistungsfähigkeit der Hardware bei 5 kHz Pulsfrequenz zu testen, wurde ein Maschinensatz verwendet. Dieser bestand aus einer Asynchronmaschine und einer fremderregten Gleichstrommaschine, welche als Last diente. Die Asynchronmaschine wurde mit 2000 U/min angesteuert. Die Erregung der Gleichstrommaschine wurde so angepasst, dass sich an den Ankerklemmen 40A bei 230V über einem 10 kW Lastwiederstand einstellten. Dies entspricht einer elektrischen Leistung von 9,2 kW. Die Verluste in der Gleichstrommaschine waren nicht bekannt. Im Zwischenkreis wurde bei einer Spannung von 565V ein Strom von 20A gemessen, dies entspricht einer zugeführten Leistung von 11,3 KW. Ein großer Teil der Differenz von 2,1 KW dürfte im Maschienensatz verloren gehen, welcher sich bei den Tests auch deutlich erwärmte. Es kann davon ausgegangen werden, dass maximal 100 W über den Kühlkörper des IGBT abgeführt wurden.

6.1.1 Temperaturentwicklung am IGBT

Für den Dauerbetrieb wurde die Temperaturentwicklung am IGBT und der Diodenbrücke untersucht. Interessant ist auch die Betrachtung der Abkühlkurven. Zu beachten ist, dass sich der IGBT während der Messungen außerhalb des 19"-Gehäuses befand. Die Diodenbrücke befand sich zwar im Gehäuse, die Messung war allerdings nur mit geöffnetem Deckel möglich. Dies bedeutet, dass im regulären Betrieb in einem geschlossenem Gehäuse eine wesentlich stärkere Erwärmung zu erwarten ist.

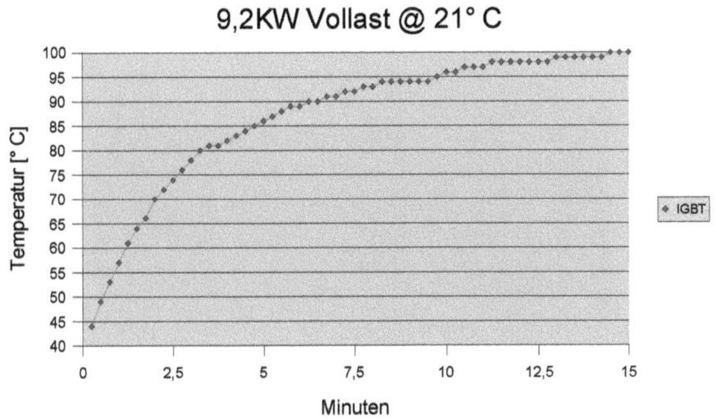

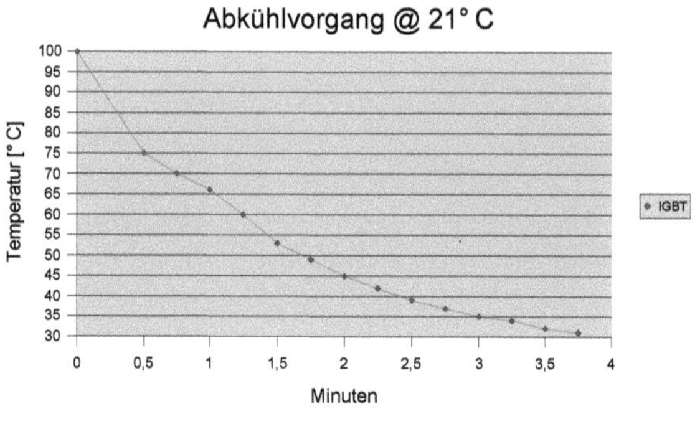

6.1.2 Temperaturentwicklung am Einspeisemodul

Es stellte sich herraus, dass die Kühlung der Diodenbrücke für den 10KW Dauereinsatz nicht ausreichend dimensioniert ist. Die Nachteile der passiven Kühlung der Diodenbrücke im Vergleich zu der des IGBT sind vor allem im Abkühlverhalten klar zu erkennen.

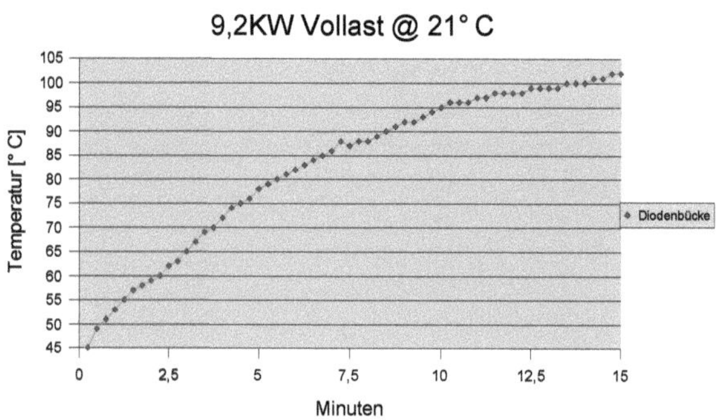

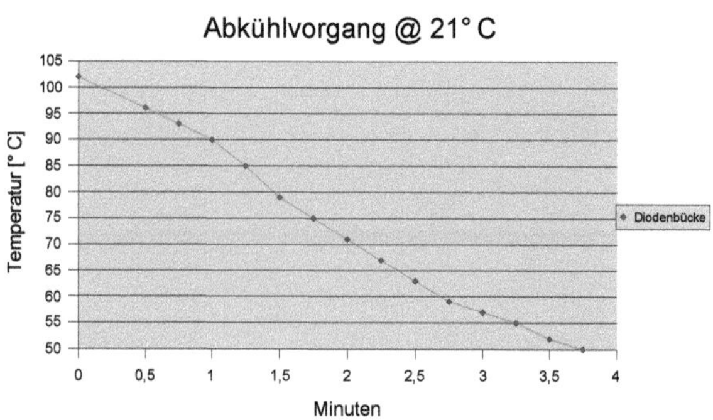

6.2 Test: Reversierbetrieb

Um die Leistungsfähigkeit des Choppers zu testen, wurde mit dem PC eine ständige Sollwertänderung simuliert. Der Sollwert wurde im 4,5s-Takt von -1600 U/min auf 1600 U/min und umgekehrt gewechselt. Der Motor wurde im Leerlauf betrieben, um die Rotationsenergie, die im Chopper vernichtet werden muss, zu maximieren. Dies entspricht sicherlich keinem typischen Anwendungsprofil, eignet sich zum Ausreizen des Choppers aber sehr gut.

6.2.1 Temperaturentwicklung am Chopper Widerstand

Die aktive Chopperkühlung stellte sich als relativ nutzlos herraus. Der Chopper „verbraucht" die Wärmekapazität des Kühlkörpers, dennoch lässt sich damit 6 Minuten lang im Reversierbetrieb fahren. Dies entspicht immerhin ca. 80 Reversiervorgängen. Allerdings wurde auch dieser Test im ausgebauten Zustand durchgeführt. Im geschlossenem Gehäuse ist zwar keine schnellere Erwärmung, aber eine wesentlich verzögerte Abkühlung zu erwarten.

Ein schwerwiegendes Problem entsteht durch die fehlende Messung und Signalisierung des Temperaturzustandes. Der Mikrocontroller hat keinerlei Möglichkeit zu erkennen, in welchem Temperaturbereich sich der Widerstand befindet. Der Benutzer wird auch nicht vor einer Zerstörung durch Übertemperatur gewarnt.

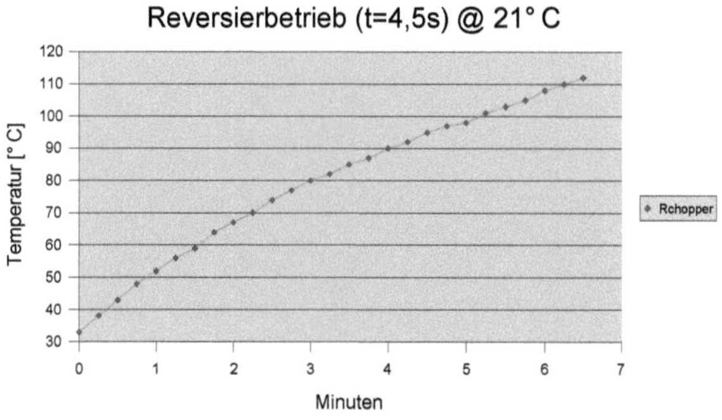

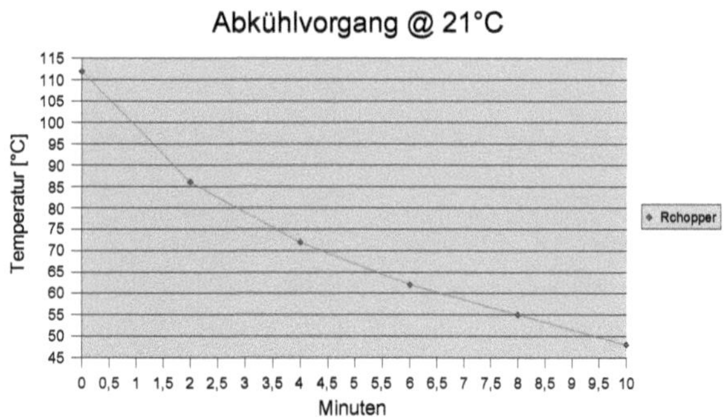

6.3 Ansteuerung eines Linearmotors

Für Vorführungszwecke in einer EMS-Übung wurde ein Linearmotor am Umrichter betrieben. Es handelte sich um eine reine Steuerung. Um den Motor vor Überspannungen zu schützen, wurde der Brückengleichrichter an das 125V Netz angeschlossen und die Schaltschwellen für das Schütz des Ladewiederstandes angepasst. Nach der Anpassung von Strom und Spannung lief der Linearmotor einwandfrei. Allerdings muss beim Betrieb auf die Temperatur des Langstators geachtet werden. Selbst bei Nennstrom erhitzt sich dieser mangels Kühlung erheblich!

7. Benutzer-Anleitung

7.1 Einführung

Das Programm „KompaktConf.exe“ ermöglicht eine Online-Anzeige von Statusvariablen/ Messwerten, die Sollwert-Vorgabe und die Parametrisierung sämtlicher Regel- und Maschienenparameter. Das Hauptfenster beinhaltet die Messwert-/Statusanzeige, und die Sollwertvorgabe.

7.1.1 Sollwertvorgabe

Der Sollwert wird mit dem Schieber (1) eingestellt und bei einem Click auf Knopf (2) zum Mikrocontroller übertragen. Mit (4) kann wieder zurück auf Poti-Steuerung geschaltet werden. Das Maximum für die Sollwertvorgabe kann in (3) eingestellt werden. Mit (5) kann ein ständiges Reversieren initiert werden. Die Zeit zwischen zwei Sollwertänderungen wird mit (6) eingestellt.

7.1.2 Messwertanzeige

Mit (3) wird auch der Skalierungsfaktor für die Anzeige der Messwerte eingestellt. Das Durchlaufen der Anzeige kann mit dem rechts oben liegenden Knopf II unterbrochen werden. Bild 23 zeigt einen typischen Bildschirmausschnitt beim Reversieren.

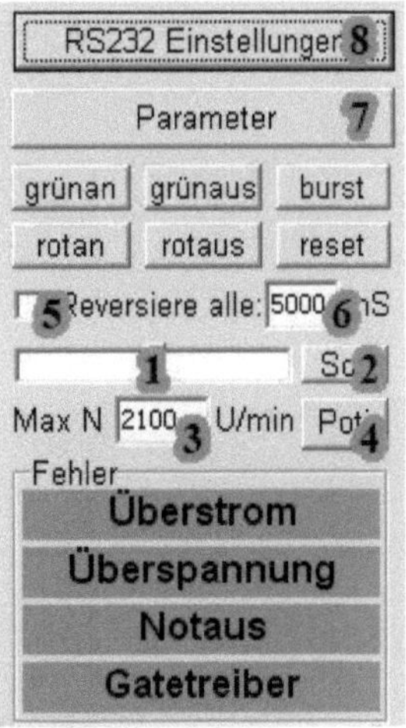

Bild 23: PC-Programm Hauptfenster

Das Programm kommuniziert mit dem Mikrocontroller auf RS232-Basis. Der Mikrocontroller ist auf 57600 Baud eingestellt. Mit (8) gelangt man in den Dialog, um die RS232 Einstellungen zu verändern.

Mit einem Click auf (7) gelangt man in die Parametrisierung. Es gibt 2 Parameter-Kategorien, die Bedienung gestaltet sich auf beiden Seiten gleich: Mit „Speichern“/“Laden“ können die Parameter in einer Datei abgelegt oder von einer Datei geladen werden. Mit „Regler -> PC“ werden die aktuellen Parameter vom Mikrocontroller in das PC-Programm geladen. Mit „PC -> Regler“ werden die Parameter vom PC zum Mikrocontroller übertragen, dort ins EEPROM geschrieben und angewendet. Dies ist nur möglich, wenn sich der Mikrocontroller im Not-Aus befindet. Falls es bei der Übertragung zu einem Fehler kommt, und der Fortschrittsbalken stehen bleibt, muss die Übertragung mit „abbrechen“ beendet werden. Danach kann eine erneute Übertragung stattfinden. Mit einem Click auf „auf Standardwerte zurücksetzen“ setzt sich der Mikrocontroller auf seine internen Standardwerte zurück und überträgt diese an den PC. Die Daten in den Parameterdateien sind im Klartext gespeichert. Allerdings ist darauf zu achten, dass die Zahlenwerte nicht den Einstellwerten im Dialog entsprechen, da sie dem Format des Mikrocontroller entsprechen.

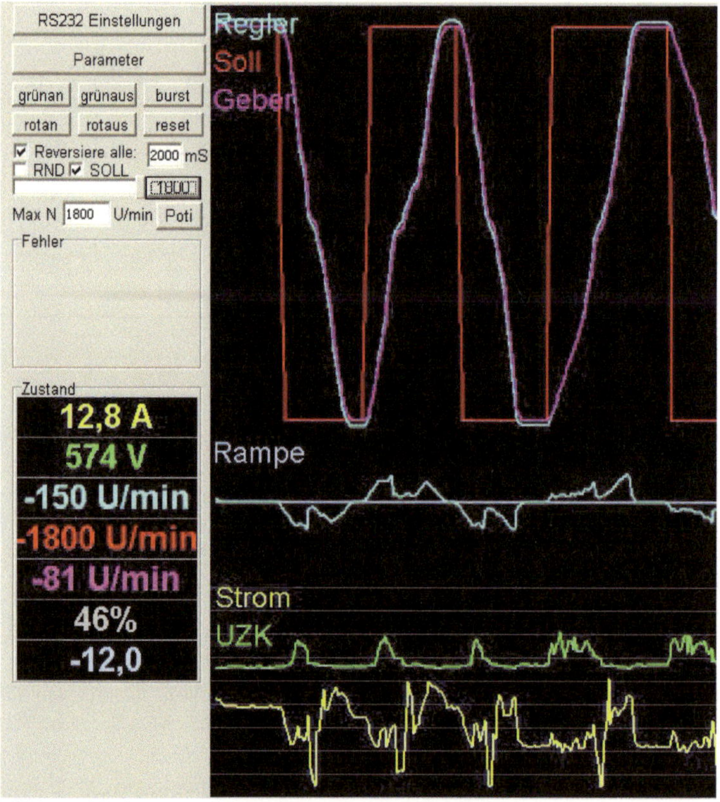

Bild 24: Bildschirmausschnitt PC-Programm - „Reversieren“

7.2 Regel-Parameter

Als Regel-Parameter sind alle Parameter zu verstehen, welche zur Regelung der Rampe und Drehzahl der Maschine verwendet werden.

7.2.1 Beschleunigen

Parameter	Beschreibung	Einstell-Tip	Max	Min	Einheit
Drehzahl-beschränkung	Maximale Ausgangsdrehzahl des Umrichters. Wie schnell darf die Motorsteuerung den Motor maximal ansteuern? Hinweis: Entspricht nicht der maximalen mechanischen Drehzahl. Diese liegt um den Schlupf darunter, auch bei Drehzahlregelung.	Nenn-Frequenz am Typenschild ablesen, mit 60 multiplizieren und durch die Polpaarzahl teilen. Falls tatsächlich eine Schlupfausregelung bis zum Maximalwert erwünscht ist, Schlupf abschätzen und hinzu addieren.	3200	30	U/min
Effektiv-Strom-Sollwert	Welcher Strom soll beim Beschleunigungsvorgang nicht überschritten werden? Damit wird indirekt auch der Schlupf und die maximale Last vorgegeben. Siehe [AN900].	Wenn Maschine unbekannt: Zunächst niedrig wählen, z.B. 25% des maximalen Umrichterstroms (12,5A). Damit Magnetisierungsstrom ermitteln, diesen dann hinzu addieren. Ansonsten „Kippstrom" abschätzen oder den maximalen Lastfall wählen.	35	0	A
I/II) Drehzahl unter	Unter welcher Drehzahl soll folgende Rampe eingehalten werden? Bereich I muss kleiner Bereich II sein. Siehe Reversier-Skizze.	Muss experimentell ermittelt werden. Erst in einem großen Bereich II anfangen z.B. 250 U/min. Bereich I dient nur dem Losbrechen der Maschine z.B. 50U/min.	1500	0	U/min
I/II)-> Rampe	Rampe, die eingehalten werden soll. Um eine genauere Einstellmöglichkeit zu bieten, wird sie in Zehnteln angegeben. Die Steuerung arbeitet mit 40Hz, die Rampe wird also 40 mal in der Sekunde zur Drehzahl hinzu addiert. Um also z.B. 100 U/min pro Sekunde zu erreichen muss hier 100/40 * 10 = 25 eingetragen werden.	Bereich I so einstellen, dass ein Losbrechen ohne Überstrom möglich ist. Daraufhin Bereich II konservativ beginnen z.B. mit 25, solange steiler einstellen bis sich beim Anfahren unter Vollast ein Überstrom-Notaus einstellt. Davon dann 50% wählen.	255	0	1/4 U/min /s

7.2.2 Bremsen

Zwischenkreis-spannung über	Ab welcher Zwischenkreisspannung soll die Bremsrampe flacher werden?	Maximalwert der Kondensatoren darf nicht überschritten werden. Bei 800V absolutem Maximum ist 750V ein geeigneter Wert.	1023	0	V
-> Brems-Rampe(t)"	Wie stark soll die Bremsrampe abgeflacht werden? Es handelt sich um die 2. Ableitung der Drehzahl. Diese wird wie die Rampen in Zehnteln angegeben, und mit 40Hz angewandt.	Zunächst hoch wählen, z.B 50. Abhängig von der Massenträgheit des Rotors und der Last. VORSICHT: Wenn dieser Wert zu klein eingestellt wird, kann die Zwischenkreisspannung trotz Gegenmaßnahme weiter steigen. Experimentell im Leerlauf unter genauen Beobachtung der Zwischenkreisspannung langsam senken.	100	1	1/4 U/min /s^2

7.2.3 Experteneinstellungen

Unterstrom-Rampe(t)"	Wie stark soll die Bremsrampe steiler werden, solange der Strom unter Sollwert ist? Es handelt sich um die 2. Ableitung der Drehzahl. Diese wird wie die Rampen in Zehnteln angegeben, und mit 40Hz angewandt.	Dieser Wert muss unter normalen Umständen nicht verstellt werden. Er bestimmt die Krümmung der Drehzahlrampe, und damit maßgeblich die Dynamik. Wenn die Dynamik erhöht werden soll, kann dieser Wert solange erhöht werden, bis es unter Vollast zum Überstrom-Notaus kommt.	255	1	1/4 U/min /s^2
Überstrom-Rampe(t)"	Wie stark soll die Brems-rampe abgeflacht werden, sobald der Strom über Soll-wert ist? Es handelt sich um die 2.Ableitung der Drehzahl. Diese wird wie die Rampen in Zehnteln angegeben, und mit 40Hz angewandt.	Dieser Wert muss unter normalen Umständen nicht verstellt werden. Falls die Unterstromrampe verändert wird, ist es nötig, auch diesen Wert anzupassen. Beide sollten in der gleichen Größenordnung sein.	255	1	1/4 U/min /s^2
Dynamische Rampen-begrenzung	Mit welcher Steigung bewegt sich der Rampen-Wert bei Sollwertannhäherung?	Dieser Wert muss unter normalen Umständen nicht verstellt werden. Falls es bei Erreichen des Sollwertes zu Schwingungen kommt, kann diese Wert erhöht werden. Siehe Reversier-Skizze.	10	0	1/2^x

7.2.4 Modus Drehzahlregelung

Wenn eine Rückführung der Drehzahl über einen Inkrementalgeber möglich ist, kann mit diesem Parameter eine Kompensation des Schlupfs eingeschaltet werden.

7.2.5 Schaubild

Bild 25 zeigt schematisch den Drehzahlverlauf bei einem typischen Leerlauf-Reversier-Vorgang wie er in Bild 24 zu sehen ist. Dieser kann für die Optimierung der Parameter im Programm exakt auf diese Weise beobachtet und genutzt werden.

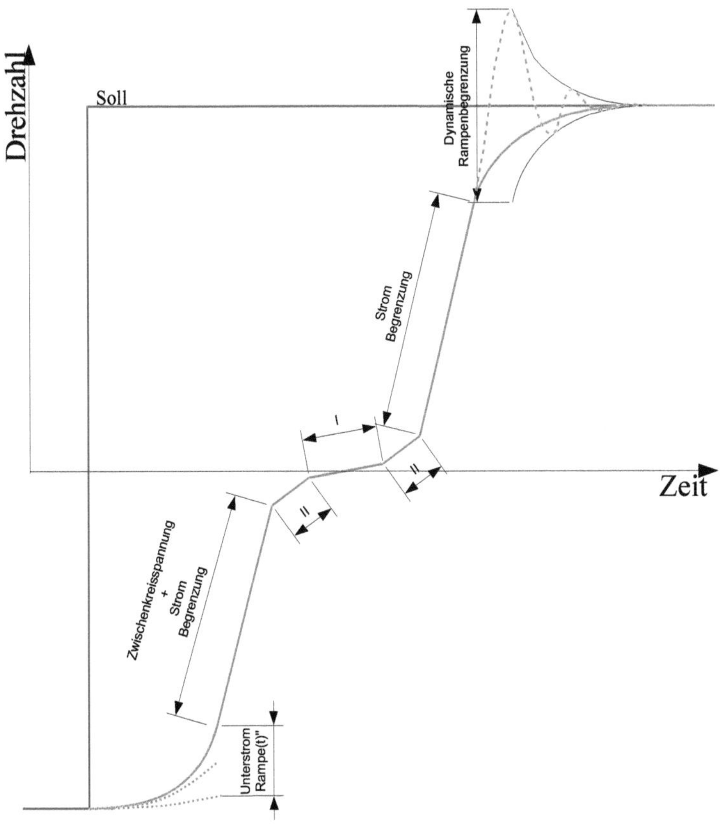

Bild 25: Reversier-Skizze

7.3 PWM-Parameter

Als PWM-Parameter sind alle Parameter zu verstehen, welche der Ansteuerung der Maschine mit U/f Kennlinie dienen.

7.3.1 Motordaten (U/f Kennlinie)

Parameter	Beschreibung	Einstell-Tip	Max	Min	Einheit
Maximale Drehzahl	Eckpunkt für die Berechnung der U/f kennlinie.	Nenndrehzahl der Maschine, Typenschild	3200	0	U/min
Polpaarzahl	Polpaarzahl, eine 6-Polige Maschine hat eine Polpaarzahl von 3	Typenschild	10	1	
U/f-Kennlinien-offset	Die U/f Kennlinie wird um diesen Betrag angehoben, damit ist eine Kompensation der Statorverluste bei niedrigen Drehzahlen gewährleistet.	Experimentell ermitteln.			1/256 U_{zk}
Nennspannung	Nennspannung bei Maximaler Drehzahl	Typenschild			

7.3.2 NOT AUS

Parameter	Beschreibung	Einstell-Tip	Max	Min	Einheit
Maximaler IGBT-Strom	Bei welchem Strom soll der Überstrom-Notaus ausgelöst werden?	Dimensionierung des Leistungsteils beachten.	51	1	A
Maximale Zwischenkreis-Spannung	Bei welcher Zwischenkreis-Spannung soll der Überspannungs-Notaus ausgelöst werden?		1023	0	V

7.3.3 Zwischenkreisnachführung

Je nach Spannungsquelle, und vor allem beim Betrieb an einem Umformersatz kann es bei einer schnellen Anpassung des Aussteuergrads an die Zwischenkreisspannung und einer trägen Regelung des Umformers zu instabilen Schwingungen der Spannung kommen. Aus diesem Grund kann die Anpassung künstlich durch eine Nachführung verzögert werden.

- 3 – Keine Nachführung, Betrieb an einem Brückengleichrichter
- 0 – Nachführung mit 1200V/s, Betrieb an einem steifen/schnellen Umformer
- 1 – Nachführung mit 600V/s, Betrieb am „mittleren“ Umformer des ETI
- 2 - Nachführung mit 300V/s, Reserve

Eine Verzögerung der Aussteuergradanpassung bedeutet natürlich ein Verlust an Dynamik.

7.4 Bedienteil

Der Betrieb des Umrichters ist selbstverständlich auch ohne Anschluss an den PC möglich. Die Sollwertvorgabe erfolgt über das Poti, die Drehrichtung wird über den Kippschalter gewählt. Mit dem schwarzen Taster wird der Umrichter eingeschaltet, der rote Taster löst eine Notabschaltung aus. Die grüne Leuchtdiode signalisiert den ordnungsgemäßen Betrieb im eingeschalteten Zustand. Die rote Leuchtdiode dient der Fehleranzeige. Die Fehler werden hintereinander durch Blink-Codes dargestellt, welche von einer kurzen Pause unterbrochen werden. Die Fehler sind folgendermaßen kodiert:

- einmaliges Blinken – Mikrocontroller befindet sich im Notaus
- zweimaliges Blinken – Eine Überspannung am Zwischenkreis ist aufgetreten
- dreimaliges Blinken – Ein Überstrom auf einem der Motorleiter ist aufgetreten
- viermaliges Blinken – Ein Gatetreiberfehler ist aufgetreten

Das Blinken der roten LED signalisiert in jedem Fall einen nicht ordnungsgemäßen Betriebszustand. Die grüne LED ist in diesem Fall immer erloschen. Der Fehler kann durch drücken des schwarzen Tasters quitiert werden

Vorsicht: Beim Drücken des schwarzen Tasters wird der Leistungsteil sofort angesteuert. Es ist darauf zu achten, dass sich die Maschine eventuell noch nicht im Stillstand befindet!

8. Nützliche Hinweise für PIC-Entwickler

In diesem Kapitel folgen einige nützliche Hinweise für jeden, der sich mit der PIC-Softwareentwicklung beschäftigt. So müssen nicht stets aufs Neue sämtliche Tücken in mühsamer Fehlersuche entdeckt werden. Alle Hinweise beziehen sich auf SDCC Version 2.6.0 und PIC18F4431, können aber auch für andere PICs interessant sein.

8.1 Entwicklungsumgebung

8.1.1 PIC Programmieren (Flashen)

Die Suche nach einer Möglichkeit, den Programmiervorgang des Mikrocontroller zu automatisieren und z.B. per Kommandozeile auszuführen und direkt in ECLIPSE einzubinden, erwies sich als fruchtlos. Es sind verschiedene Opensource-Projekte verfügbar, welche allerdings leider alle auf Linux abzielen und damit mit dem ICD2 über USB nicht funktionsfähig sind. Auch eine mehrstündige Recherche ergab, dass es wohl einfacher ist, die MicroChip Software MPLab zu verwenden. Diese lässt allerdings keine Automatisierung zu – der Macrorecorder ist nutzlos, weil er die Position der Fenster nicht einbezieht. Also bleibt nur der manuelle Vorgang mit mehreren Mausklicks.

8.2 SDCC

8.2.1 Stack Size (__do_cinit Endlosschleife)

Die Stack-Einstellungen werden dem SDCC mit der folgenden Zeilen festgelegt:

```
#define StackAdr 0x200
#define StackSize 170
#pragma stack StackAdr StackSize
```

Wichtig ist der Parameter StackSize, vor allem wenn ein Programm viele verschachtelte Funktionsaufrufe besitzt. Wenn es dann zu unregelmäßigen unerklärbaren Endlosschleifen im __do_cinit-Bereich kommt, sollte die Stack Size erhöht werden.

8.2.2 Variablen mit Initialisierung

SDCC unterstützt eine Variableninitialisierung nur in der zuletzt gelinkten c-Datei, also normalerweise z.B. „main.c". In allen anderen Source-Dateien, die zunächst in eine *.o Datei kompiliert werden, muss auf die Initialisierung verzichtet werden. Beispiel:

```
unsigned int foo () {
  unsigned int test = 0; // nur in main.c möglich
}
```

Vorsicht: Der Compiler gibt diesbezüglich keine Warnung aus, die Initialisierung wird einfach ignoriert!

8.2.3 Rechnen im Interrupt

Alle Rechenoperationen, die vom PIC nicht in Hardware ausgeführt werden können (beim Pic18F4431 sind das vor allem die Divisionen) werden mit den dem SDCC beigelegten Bibliotheken durchgeführt. Diese sind zunächst allerdings nicht Interrupt-Sicher! Dies führt bei Verwendung von Interrupts zu höchst nichtdeterministischem Verhalten und ist unbedingt zu verhindern. Die SDCC-Anleitung empfiehlt darum, die Bibliotheken erneut zu kompilieren. Leider schweigt sich die Anleitung darüber aus, wie dies zu bewerkstelligen sei. Lösungsansatz: Alle benötigten Funktionen in einer eigenen Bibliothek (SYS.c) zusammenfassen, diese wird dann mit dem Projekt kompiliert und gelinked.

8.2.4 Pointer auf Structs vs. Codegröße

Wenn es darum geht, die Codegröße zu minimieren, ist ein Verzicht auf Struct-Pointer sehr zu empfehlen. Folgender Test verdeutlicht dies:

C-Code mit einfachem Zugriff auf das Struct „test“:

```
test.x = 2;
```

Assemblierter Code:

```
2784  0E02  MOVLW 0x2 578:MOVLW 0x02
2786  0100  MOVLB 0   579:BANKSEL (_main_test_1_1 + 22)
2788  6F76  MOVWF 0x76, BANKED 580:MOVWF (_main_test_1_1 + 22), B
========
->3 Befehle
```

Nun der selbe Vorgang in C, nur dass jetzt durch einen Zeiger auf ein Struct zugegriffen wird:

```
test->x = 2;
```

Assemblierter Code:

```
2616  C2FD  MOVFF 0x2fd, 0   578:MOVFF _main_test_1_1, r0x00
2618  F000  NOP
261A  C2FE  MOVFF 0x2fe, 0x1 579:MOVFF (_main_test_1_1 + 1), r0x01
261C  F001  NOP
261E  C2FF  MOVFF 0x2ff, 0x2 580:MOVFF (_main_test_1_1 + 2), r0x02
2620  F002  NOP
2622  0E16  MOVLW 0x16              581:   MOVLW 0x16
2624  2600  ADDWF 0, F, ACCESS        582:   ADDWF r0x00, F
2626  0E00  MOVLW 0                 583:   MOVLW 0x00
2628  2201  ADDWFC 0x1, F, ACCESS     584:   ADDWFC  r0x01, F
262A  0E00  MOVLW 0                 585:   MOVLW 0x00
262C  2202  ADDWFC 0x2, F, ACCESS     586:   ADDWFC  r0x02, F
```

```
262E 0E02 MOVLW 0x2               587:   MOVLW 0x02
2630 6EE5 MOVWF 0xfe5, ACCESS      588:   MOVWF POSTDEC1
2632 C000 MOVFF 0, 0xfe9          589:   MOVFF r0x00, FSR0L
2634 FFE9 NOP
2636 C001 MOVFF 0x1, 0xff3         590:   MOVFF r0x01, PRODL
2638 FFF3 NOP
263A 5002 MOVF 0x2, W, ACCESS      591:   MOVF  r0x02, W
263C EC0F CALL 0x3a1e, 0          592:   CALL __gptrput1
263E F01D NOP
========
->21 Befehle
```

Der Assembler-Code vergrößert sich um den Faktor 7! Dies bedeutet einen 7-fach höheren Programmspeicherverbrauch und verursacht eine 7-mal längere Ausführungszeit. Lösungsanstz: Da Structpointer sehr angenehm sind, um z.B. Konfigurationsdaten an eine Funktion zu übergeben, kann man dazu über gehen, von den wichtigen Daten mehrere Instanzen im Heap abzulegen und eine MemCopy Funktion formulieren .

8.2.5 Bit Shifting Fehler

SDCC in der Version 2.6.0 enthält einen Bug beim Shiften von signed Variablen, dieser lässt sich durch ein konsequentes Typecasten verhindern. Hier ein Beispiel:

```
signed int soll;
soll = 15;
(signed int)soll <<=  5; // ohne Typecast Ergebnis falsch!
```

Dies bezieht sich auf alle signed Typen und auf alle Shift-Möglichkeiten.

9. Ausblick

9.1 Reserven des PIC18F4431

Der verwendete PIC18F4431 ist mit dem erstellten Programm an seiner Leistungsgrenze angelangt. Es sind 7962 der 8192 verfügbaren Programmbefehle belegt, die verfügbare Rechenleistung ist fast vollständig ausgenutzt. Die integrierten Module sind für diese Anwendung hervorragend geeignet. Möglicherweise wäre eine etwas sparsamere Programmierung möglich gewesen, wenn auf die ausgeprägte Modularität verzichtet worden wäre. Eine Weiterentwicklung mit ähnlichem Umfang müsste in jedem Fall auf einem größeren PIC stattfinden, der Programmspeicher ist nicht ausreichend.

9.2 Verwertung der Module

Der Autor hofft auf eine rege Verwendung der von Ihm entwickelten Module für weitere Projekte mit PICs. Dafür müssten die Module auf anderen PICs getestet und in einer frei zugänglichen Form, ähnlich den Protel-Libraries verwaltet werden.

9.3 Möglichkeiten der Weiterentwicklung

9.3.1 Temperatur-Überwachung

Für den sicheren Einsatz des Umrichters wird eine Überwachung der thermischen Verhältnisse an sämtlichen Leistungshalbleitern benötigt. Dies könnte möglicherweise auch durch eine Modellierung des Temperaturverhaltens, also ohne weitere Messwerterfassung, realisiert werden. Alle benötigten Modelleingänge, abgesehen von der Außentemperatur, sind bekannt.

9.3.2 Variable Sollwertvorgabe

Mit der Sollwertvorgabe über den PC könnte eine mächtige variable Sollwertvorgabe realisiert werden. Damit könnten z.B. Testzyklen für den Dauertestbetrieb an Umformersätzen, oder Belastungstests und Indentifizierungsvorgänge von Arbeitsmaschinen automatisiert werden.

10. Zusammenfassung

In der vorliegenden Studienarbeit wurde aufbauend auf der bestehenden Umrichterhardware und einem U/f-Kennlinien Programm zunächst eine Rampenregelung abhängig vom Motorstrom und der Zwischenkreisspannung entwickelt. Der Aussteuergrad der Motorsteuerung wird dynamisch an die Zwischenkreisspannung angepasst. Damit ist eine reine Steuerung ohne Drehzahlrückführung möglich.

Eine Inkrementalgeberauswertung mit dem Ziel der Minimierung des Quantisierungsfehlers wurde realisiert.

Der Rampenregelung wurde eine Drehzahlregelung mit Vorsteuerung überlagert. Damit wurde eine schnelle Schlupfausregelung erreicht.

Die Mikrocontroller Software wurde mit dem Ziel möglichst hoher Modularität erstellt. Dadurch stehen nun alle entwickelten Module auch für andere Arbeiten auf PIC Basis mit einer einfachen Integrationsmöglichkeit zur Verfügung.

Ein Windows Computerprogramm für die Parametrisierung und Messwertanzeige im laufenden Betrieb wurde entwickelt und während der Tests ausgiebig verwendet.

Es wurden Umfangreiche Dynamik- und Belastungstests durchgeführt und ausgewertet. Die erreichte Dynamik ist gut, die Kühlung der Leistungshalbleiter ist für einen Dauerbetrieb an der Leistungsgrenze allerdings ungenügend.

Damit steht nach dieser Studienarbeit ein dynamischer, bei Bedarf drehzahlgeregelter, Umrichter mit PC-Messwertanzeige und Parametrisiermöglichkeit zur Verfügung.

Literaturverzeichnis

[AN900]: Jon Burroughs, Microchip, Controlling 3-Phase AC Induction Motors Using the PIC18F4431, 2004
[Beck]: Dipl.-Ing. Frank Becker, Diplomarbeit: Mikrocontrollergesteuerter modularer Kompaktumrichter für Drehstromantriebe, 2005
[Braun]: Prof. Dr.-Ing. Michael Braun, Skriptum zur Vorlesung: Regelung elektrischer Antriebe, 2006
[Dat]: Microchip Technologies Inc., PIC18F4431 Datasheet,
[DReg]: Prof. Dr.-Ing habil. Rolf Schönfeld, Digitale Regelung elektrischer Antriebe, 1988
[Föll]: Prof em Dr. rer. nat Dr.-Ing. E.h. Otto Föllinger, Regelungstechnik, Einführung in die Methoden und ihre Anwendung, 1988
[Mess]: Prof. Dr.-Ing. Uwe Kiencke, Dr.-Ing. Ralf Eger, Messtechnik, Systemtheorie für Elektrotechniker, 2004
[Scher]: Dipl.-Ing. Alexander Scherer, Studienarbeit: Dreiphasige Diodenzwischenkreiseinspeisung mit Chopper für dynamischen 12KW Umrichter, 2005

Abbildungsverzeichnis

Alle Abbildungen dieser Studienarbeit wurden von Nikias Klohr erstellt, es wurden keine Abbildungen aus anderen Quellen verwendet.